新疆维吾尔自治区自然科学基金青年项目（2017D01B32）
新疆师范大学博士科研启动基金（XJNUBS1909）
新疆师范大学人文社会科学重点研究基地招标课题（XJNURWJD2019A05）

# Study on the City Life Space

# 城市生活空间研究

## 以乌鲁木齐市为例

## Take Urumqi as an Example

卢 燕◎著

经济管理出版社
ECONOMY & MANAGEMENT PUBLISHING HOUSE

**图书在版编目（CIP）数据**

城市生活空间研究：以乌鲁木齐市为例/卢燕著．—北京：经济管理出版社，2021.2
ISBN 978 - 7 - 5096 - 7781 - 0

Ⅰ.①城…　Ⅱ.①卢…　Ⅲ.①城市空间—空间结构—研究—乌鲁木齐　Ⅳ.①TU984.255

中国版本图书馆 CIP 数据核字(2021)第 030799 号

组稿编辑：申桂萍
责任编辑：姜玉满
责任印制：黄章平
责任校对：董杉珊

出版发行：经济管理出版社
（北京市海淀区北蜂窝 8 号中雅大厦 A 座 11 层　100038）
网　址：www. E - mp. com. cn
电　话：（010）51915602
印　刷：唐山玺诚印务有限公司
经　销：新华书店
开　本：720mm × 1000mm/16
印　张：11. 5
字　数：168 千字
版　次：2021 年 3 月第 1 版　　2021 年 3 月第 1 次印刷
书　号：ISBN 978 - 7 - 5096 - 7781 - 0
定　价：49. 00 元

# 前　言

在城市空间结构和形态发生重大变化的背景下，空间问题逐渐凸显。伴随着城镇化与城市经济的快速发展，国内各城市正经历着空间规模迅速扩展与空间结构形态巨变的历史性过程，对城市生活空间产生了巨大的影响。本书选取多民族聚居城市——乌鲁木齐市为研究对象，试图在以下两个方面寻求突破：①在研究目标上，以快速城市化和社会转型为背景，以乌鲁木齐城市居民的日常生活为切入点，以“形式—内涵—意义”相统一的空间观解析城市生活空间变化，揭示当代多民族聚居城市地域人类活动与环境变化的地域分异规律。②在研究内容上，以期通过理论联系实际，确定乌鲁木齐城市生活空间类型，分析城市生活空间现状，识别城市生活空间组织要素，确定乌鲁木齐城市生活空间结构及模式，明晰城市生活空间形成机理，评价城市生活空间质量，并提出生活空间优化整合及系统调控的对策。

全书共分为八章：第一章为绪论。说明城市生活空间研究的背景、意义、思路和方法，明确本书的研究内容与研究框架，确定研究方法和技术路线。介绍案例地概况及数据来源，从地域特殊性、城市发展、文化多样性三个角度进行案例地选择说明。

第二章为城市生活空间理论认知。基于空间生产理论和时间地理学理论，对相关概念进行解读。对国内外关于城市生活空间研究及类型研究进行评述，居民日常生活的供给和需求由场所类型及功能来表征。最后结合前人的研究基础，将城市生活空间分为六种类型：居住空间、就业空间、休闲空间、消费空间、公共服务空间、文化空间，并进一步分析其内涵。

第三章为乌鲁木齐城市生活空间现状。在明确城市物质空间—社会空间—生活空间关系的基础上，对物质空间以乌鲁木齐中心城区土地利用现状分析为具体操作，解析承载空间背景；对社会空间以乌鲁木齐人口属性和社会阶层的空间分异为具体操作，划分社会区类型并提炼社会空间结构模式；对生活空间以城市设施兴趣点（POI）作为日常生活场所空间数据基础，增加半城市化地区的村镇居住点和耕地点，以数量等级和密度比例分析为具体操作，确定乌鲁木齐城市生活空间场所格局及各类型场所分布特征。

第四章为乌鲁木齐城市生活空间组织。以场所的功能属性来识别城市生活空间组织要素，从城市生活空间组织要素对生活空间单元进行考量，解析城市生活空间结构。对乌鲁木齐城市生活空间从空间规模等级上、集聚结构上分析其结构特征。进一步采用反距离权重法分析，归纳总结城市生活空间总体模式和分类模式。

第五章为乌鲁木齐城市生活空间机理。城市生活空间是在经济发展、政策调控、居民行为选择和社会与个人等层次上形成发展的，且生活空间各类型间相互联系、相互作用，在自然环境、经济、文化历史、政策和居民行为选择因素的复合作用下，构成了乌鲁木齐城市生活空间的组织网络。城市生活空间是环境约束和居民行为选择共同形成的复杂组织网络。

第六章为城市生活空间质量评价。以乌鲁木齐城市居民的感知为主体，结合各类生活空间设施实际，从生活空间整体和分类两个视角进行评价。采用区域综合实力评价法、生活便利度评价和日常生活质量满意度评价三种方法从发展背景基础、供给水平和居民需求方面进行具体解析。从居民日常生活行为活动特征和各类生活空间关联视角，采用缓冲区和近邻分析法对居民的居住—通勤、居住—休闲、居住—消费、居住—公共服务和居住—文化方面进行分类评价。

第七章为乌鲁木齐城市生活空间优化的政策建议。以前文研究得出的城市生活空间结构和模式特征与形成机理的影响因素及作用路径，作为优化基本依据，结合城市生活空间质量评价情况，以问题为导向，以公平性、发展性为原则，对乌鲁木齐城市生活空间发展提出具体优化策略。

第八章为结论与展望。对前文研究进行总结，归纳主要结论；在此基础上提出本书可能的创新点及研究不足，并对今后进一步研究的方向提出展望。

# 目　录

# 第一章　绪论

## 第一节　研究背景及意义

### 一、实践背景：城市发展引起的空间问题

自20世纪90年代开始，中国的社会经济进入高速发展期，城市化进程也快速提升，城市空间结构和形态也日趋多样，从而引起很多空间问题。根据国家统计局的数据，2011年中国城市化率首次超过50%，达51.27%。至2016年底，中国共有653个城市，其中地级市293个，县级市360个，城镇人口共计79298万人，城镇人口占年末总人口（城镇化率）的57.35%。其中，百万人口以上城市有160个，20万以下小城市占比不到18%。《中国2019年国民经济和社会发展统计公报》显示：2019年末全国大陆总人口140005万人，比上年末增加467万人，其中城镇常住人口84843万人，占总人口比重（常住人口城镇化率）为60.60%，比上年末提高1.02个百分点。户籍人口城镇化率为44.38%，比上年末提高1.01个百分点。常住人口城镇化率超过60%，表明我国城镇化程度、深度和广度得到了进一步提升。随着城市化快速发展，空

间问题日益加重，势必引起城市生活空间的变化。

第一，城市空间日益拥挤。随着城市的发展，其各类公共服务设施的质量及水平得到了大幅提升，从而吸引了大量人口涌入，在城市中高密度集聚，但城市空间的扩张速度却慢于人口增长速度，造成空间拥挤度急剧提升，使得城市公共服务设施等资源配置越发不平等，引起城市居民日常生活成本增加，生活质量满意度降低，城市发展压力剧增。

第二，城市空间扩展无序现象严重。城市发展的重要途径是空间的扩展，城市空间是人口和经济发展的承载支持。但城市如何扩展、怎样扩展，如何提高空间扩展的效率，是急需研究的重要课题。目前，城市空间无序扩展现象十分严重，大多以“摊大饼”“仙女散花”和“四面出击”的形式在城市边缘区无序扩张，缺乏相应规划以及前瞻性考虑，造成空间扩展效率不高。

第三，城市空间差异化日趋消失。城市空间是一个复杂的系统，在物质环境的表现上是具体的，但在文化及居民关系上又是抽象的。其本质是通过借助现代科技的发展、以经济政治文化功能为手段，为居民提供宜居、便利、无差异的生活空间。城市空间发展模式的趋同性，使物质环境、文化以及居民行为等日趋相同，形成缺乏自身特色的城市文化，从而导致千城一面。城市在物质环境上的同一性，使城市空间及文化差异性日趋消失。

### 二、理论背景：人文地理学社会—文化转向

人文地理学社会—文化转向以来，城市社会空间、生活空间研究日益成为学术前沿。自20世纪80年代以来，经济地理研究的重点从“生产的社会关系”转向“空间与社会的关系”，人文地理学研究从空间分析转变为社会理论的演化阶段[1]。另外，随着西方国家城市发展中出现的各种社会问题，人本主义思潮开始兴起。在《后现代状况》一书中，哈维强调社会生活和社会关系的空间重组是后现代时期的核心议题之一[2]。城市社会地理学的研究目标就是城市生活空间研究，其核心方向之一就是城市生活空间结构和社区布局规律[3]。

人文地理学社会—文化转向的研究热点目前有两个。一是对“后现代主义”行为文化的研究，并形成了城市社会—生活空间质量及从社区规划角度对其质量的调控与整治的研究方向，其理论核心是社区与场所体系的文化要素微区位理论[4,5]。二是“后结构主义”对社会公平和空间公正问题的关注，城市区域空间或地点空间重构折射出新人文主义的价值（道德）规范，其理论核心不但强调“经验世界”中的“物”的经验空间及其结构，还重视情感和价值等“非物”的经验空间及其结构[6,7]。因此，后现代城市社会中，物质与社会空间相融合，是以个人尊严为方向，以主观性为主导，以社会性为要素，以政策为保障的城市空间“社会—文化转向”的重构，其对文化空间人地关系的解读是“地点（社会—文化）理论”创建的前沿方向[8]。

### 三、政策背景：新型城镇化与保障民生要求

生活空间是地理学进行空间分析的重点研究对象之一。2012 年中国提出城镇化发展要走集约、智能、绿色、低碳的新型城镇化道路。随着经济社会的快速发展，中国城镇化也迎来了高速发展期，人口迅速增加要求城市空间不断扩展，使得城市结构形态也发生改变。这些改变，对城市生活空间变化有着巨大影响。中共十八大工作报告提出，优化国土空间开发格局，“控制开发强度，调整空间结构，促进生产空间集约高效、生活空间宜居适度、生态空间山清水秀”。首次将生活空间纳入党的工作报告中，凸显了当前形势下国家对功能空间和主体功能区等空间规划的重视。

中共十九大工作报告进一步提出要坚持在发展中保障和改善民生，坚持人与自然和谐共生。在提高保障和改善民生水平，加强和创新社会治理方面，要求“完善公共服务体系，保障群众基本生活，不断满足人民日益增长的美好生活需要，不断促进社会公平正义”[9]。

新型城镇化发展和保障民生等政策要求，使得城市生活空间研究愈发必要。城市生活空间研究是保障与改善民生的基础性研究，从居民日常生活的供给和需求两方面综合分析，以期实现城市宜居发展、居民生活富裕的目标。

### 四、研究意义

1. 有助于拓展中国城市地理学研究的视角、内容和方法

目前，人文地理学研究人地关系变化的重要视角，就是基于人的行为活动，对于城市空间而言，即对城市居民日常生活中的行为特征及空间表征等进行具体分析。现有的国内生活空间研究主要聚焦于内地大城市，对多民族聚居城市的研究较为少见，而且多以要素（类型）空间研究为主体。本书将“生活空间”命题引入多民族聚居城市地理研究，并通过从类型空间到并置空间的系统研究，丰富了当代中国人地关系变化规律的研究。

2. 有助于发挥城市地理学的政策咨询和实践指导优势

立足全球问题、关注城市可持续发展是当代地理学义不容辞的职责；边疆地区稳定与发展是国家战略的重要组成部分。特殊的自然条件与多元文化交融的背景下，城市生活空间规律研究具有重要的实践意义。城市可持续发展的前提是城市居民的可持续生活，据此，城市生活空间是城市可持续发展的空间基础。以新疆维吾尔自治区乌鲁木齐市为案例地，进行城市生活空间的系统研究和概括提炼，促进新疆的和谐发展与长治久安，能够为中国城市可持续发展提供理论指导和实践依据。

## 第二节　研究内容与研究框架

### 一、研究目标

本书以快速城市化和社会转型为背景，以乌鲁木齐城市居民的日常生活为切入点，以“形式—内涵—意义”相统一的空间观解析城市生活空间变化，揭示当代多民族聚居城市地域人类活动与环境变化的地域分异规律。以期通过

理论联系实际，探索乌鲁木齐市居民日常生活行为与生活空间的互动关系、城市生活空间结构及模式和城市生活空间的形成机理；探索居民日常生活行为的现状特征、评价城市生活空间质量，并提出生活空间优化整合及系统调控的对策。本书要解决的关键问题是：城市居民生活空间构成；城市生活空间结构模式；居民日常生活行为与城市生活空间的互动关系与动力机制；城市各类生活空间的整合路径；城市生活空间的优化调控。

第一，在系统解析生活空间的基础上，厘清城市生活空间概念及类型，论证乌鲁木齐城市生活空间组织要素、形成机制、空间结构及模式。

第二，通过多类型数据整合和多方法综合运用，研究探寻乌鲁木齐市居民日常生活空间影响因素、形成机理、质量评价及优化策略。

## 二、研究内容

本书的研究内容分为以下四个部分：

1. 归纳乌鲁木齐城市生活空间类型及特征

以场所及行为活动界定空间系统，阐释“乌鲁木齐城市生活空间主要包括哪些类型、具有怎样的特征”。基于空间生产理论和时间地理学理论，结合城市空间环境（场所设施）和居民日常生活行为活动对城市生活空间进行解读，对城市生活空间类型进行定义，分别从社会结构和日常生活视角进行解析，居民日常生活的供给和需求由场所类型及功能来表征。结合城市生活的空间组织，解析居民日常生活空间的主要类型及区位特征。

2. 揭示乌鲁木齐城市生活空间结构分异规律

以环境解构空间形式，回答“乌鲁木齐城市生活空间有什么规律”。以生活需求—空间类型与服务供给—空间结构的相互作用解析城市生活空间的结构特征。从“地域分异”（分别以街道和1平方千米网格为空间单元）视角进行解析，揭示乌鲁木齐城市居民居住、就业、休闲、消费、公共服务和文化空间的分布特征；进一步采用空间叠置分析，解析乌鲁木齐城市生活空间的功能结构和地域结构，定量描述生活空间结构分异规律。

3. 探讨乌鲁木齐城市生活空间模式

以关系透视空间内涵，致力解释“乌鲁木齐城市生活空间有怎样的模式”。以“空间类型”和“空间结构”的叠加，从活动类型主导和空间场所主导等不同视角概括和提炼城市生活空间模式。从外在影响和内在响应两个方面揭示乌鲁木齐城市居民日常生活空间的影响因素、作用路径及其组织机制。

4. 凝练乌鲁木齐城市生活空间效应

以感知诠释空间意义，侧重考察“乌鲁木齐城市生活空间对居民生活有怎样的影响”。基于乌鲁木齐城市居民对生活空间的感知，以及乌鲁木齐城市生活空间的结构分异规律和特征，归纳其人居环境效应，评价其生活空间质量，提炼优化的理论依据，立足“以人为本”发展导向，强调社会稳定与城市发展并重，提出多民族聚居城市持续科学发展的基本思路和优化策略。

## 三、拟解决的关键问题

1. 当代背景下乌鲁木齐城市生活空间结构分异规律

经验上，乌鲁木齐市与大城市居民的生活方式并不相同；现阶段，快速城市化引发城市居民日常生活及其行为空间的显著变化。在人类活动主导人地关系的当代背景下，多民族聚居城市居民日常生活与地理环境的相互作用使一定地域地表结构究竟有什么分异规律？

2. 复杂格局下乌鲁木齐城市生活空间形成机理

具体表象上，城市生活空间是居民日常活动场所及边界构成的空间体系；本质上，城市生活空间实乃市民个体行为与城市内外环境之复杂关系交织作用的产物。在社会联系日益紧密、社会关系日趋复杂、社会环境更为多样的格局下，多民族聚居城市地域关系和居民社会联系如何影响城市日常生活并进而改变和重塑地表结构？

3. 人本视野下乌鲁木齐城市生活空间效应

生活空间效应可依据一定地域的实体生活环境和相关统计数据进行分析；事实上，城市生活空间变化的意义在于居民自身的生活体验。在人本主义引领人类发展的视野下，多民族聚居城市生活空间发展究竟对居民的日常生活带来了怎样的影响?

### 四、研究方案

本书研究的实证分析性质和案例分析内容要求有一定的实践研究支持。具体方案设计如下：

（1）理论准备：城市生活空间的范围。根据城市生活空间变化的实际和理论思想，城市生活空间的空间范围界定为街道和社区。

（2）案例选择：实证解剖对象的确定。通过典型性、便利性和数据的可获得性分析，选取多民族聚居城市——新疆维吾尔自治区省会乌鲁木齐市为本书研究的具体解剖对象。

（3）实践方案：数据收集、调研计划及实施。收集乌鲁木齐市经济社会数据和人口普查数据、遥感影像数据、居民日常生活场所空间数据和居民日常生活行为活动数据。居民日常生活行为活动数据通过调研获得，分系统性、补充性和验证性调研三个步骤。

## 第三节 数据来源、研究方法与技术路线

### 一、数据来源

1. 经济社会数据和人口普查数据

经济社会数据来源于《乌鲁木齐统计年鉴 2016》、统计局普查、各区统计资料和调研数据，乌鲁木齐市及各区统计公报等。人口数据采用 2010 年 11 月 1 日零时的第六次人口普查数据，按乌鲁木齐市城区分街道（乡镇）人口统计，内容包括总人口数、性别比、户均人数等基本人口信息，人口民族构成，人口年龄

构成，人口文化教育程度，人口职业构成，以及住房情况和婚姻状况等。

2. 遥感影像数据

本书主要采用2014年8月24日、31日获取的Landsat8遥感影像数据，轨道号142/30和143/29，选择云量低于10%的无云影像，质量较好，满足应用要求。基础底图数据来源于采用遥感影像数据矢量化后获取的数据，乌鲁木齐市各乡、镇、街道面积数据利用ArcGIS10.2提取得到。分析乌鲁木齐城市空间的土地利用现状，作为城市生活空间分析的承载空间。

3. 居民日常生活场所空间数据

建立城市设施兴趣点（亦称城市热点，Point of Interest，POI）数据库，作为日常生活场所空间数据基础。城市设施服务点POI数据来源于百度地图（http：//map.baidu.com/），经过去重、纠偏与空间匹配，提取出了研究区内21类POI数据（2014年），共58141条，其中中心城区56969条。配置地理坐标系为（GCS_ WGS_ 1984），投影坐标系为（WGS_ 1984_ UTM_ Zone_ 45N）。该数据包括经度、纬度、名称、地址、类型、行政区六个属性，通过属性特征值赋分及计算权重，确定各类场所的规模等级数量，将数据信息扩充为七个属性。

4. 居民日常生活行为活动数据

通过调研问卷形式，获取居民日常生活行为活动数据。对乌鲁木齐市居民日常生活进行抽样调查，兼顾不同阶层、不同居住类型比例等影响因素，选取具有不同区位、类型的社区进行问卷发放。依据统计学原理选择置信水平为99%、调查精度为5%、预设10%废卷率后，最终确定共发放调查问卷350份，采用随机抽样、当面填写的方式作答并当场回收，共收回342份，通过严格筛选，有效问卷为300份，问卷有效率为87.72%。

5. 其他图件及空间数据库构建

其他图件包括2014年11月国务院批复的《乌鲁木齐市城市总体规划（2014—2020年）》相关规划图件、《乌鲁木齐市行政区划图》，乌鲁木齐市各区县网站公开的区划图等。将各类数据按街道办事处这一行政单元赋值，建立起点、线、面三种图层，并建立相应属性字段。其中，点图层包括住宅小区、医疗服务设施点、零售行业信息点等；线图层包括五类不同等级交通网络；面图层包括土地利用类型、街道办事处域、市内分区及市域等。点图层包含所属街道办事处、所属生活空间类型等属性字段；线图层包含道路长度、道路等级和同向速度等属性；面图层包含总人口数、面积等属性字段。

6. 文献资料库

中文期刊、硕博论文文献主要来自 CNKI 数据库，英文文献主要来自 Science Citation Index、EBSCO ASP、Elsevier Science Direct Online、Springer 和 Google 学术，书籍文献来自学校图书馆馆藏、CADAL 数字图书馆等方式。

## 二、研究方法

本着理论联系实际的原则，运用规范研究与实证研究相结合、理论研究与实地调研相结合、统计分析与空间分析相结合的方法进行研究。具体方法如下：

1. 个性分析与群体分析的有机结合

人地关系思想将贯穿于主题研究的始终；基于城市居民个体分析，以期体现城市居民群体效应。以生活空间类型表征城市居民个体生活行为，以生活空间结构及模式反映城市居民群体生活方式。

2. 统计分析和空间分析相结合

以统计分析阐述居民行为活动，以空间分析图示地域环境结构。问卷调查、实地考察和相关统计技术可对居民行为活动进行具体分析。利用人口普查数据和统计年鉴等宏观数据，结合定点区域调研的微观数据，运用 GIS 等空间分析技术，准确描述乌鲁木齐市居民生活空间结构分异规律及模式，并对城市生活空间质量进行评价，提出优化策略。

## 三、技术路线

本书遵循“背景与问题—视角与框架—结构与模式—评价与优化”的逻辑线路，通过探讨乌鲁木齐市生活空间的空间规律，寻求区域可持续发展的优化路径。坚持人本主义、结构主义、实证主义和行为主义分析的有机结合，技

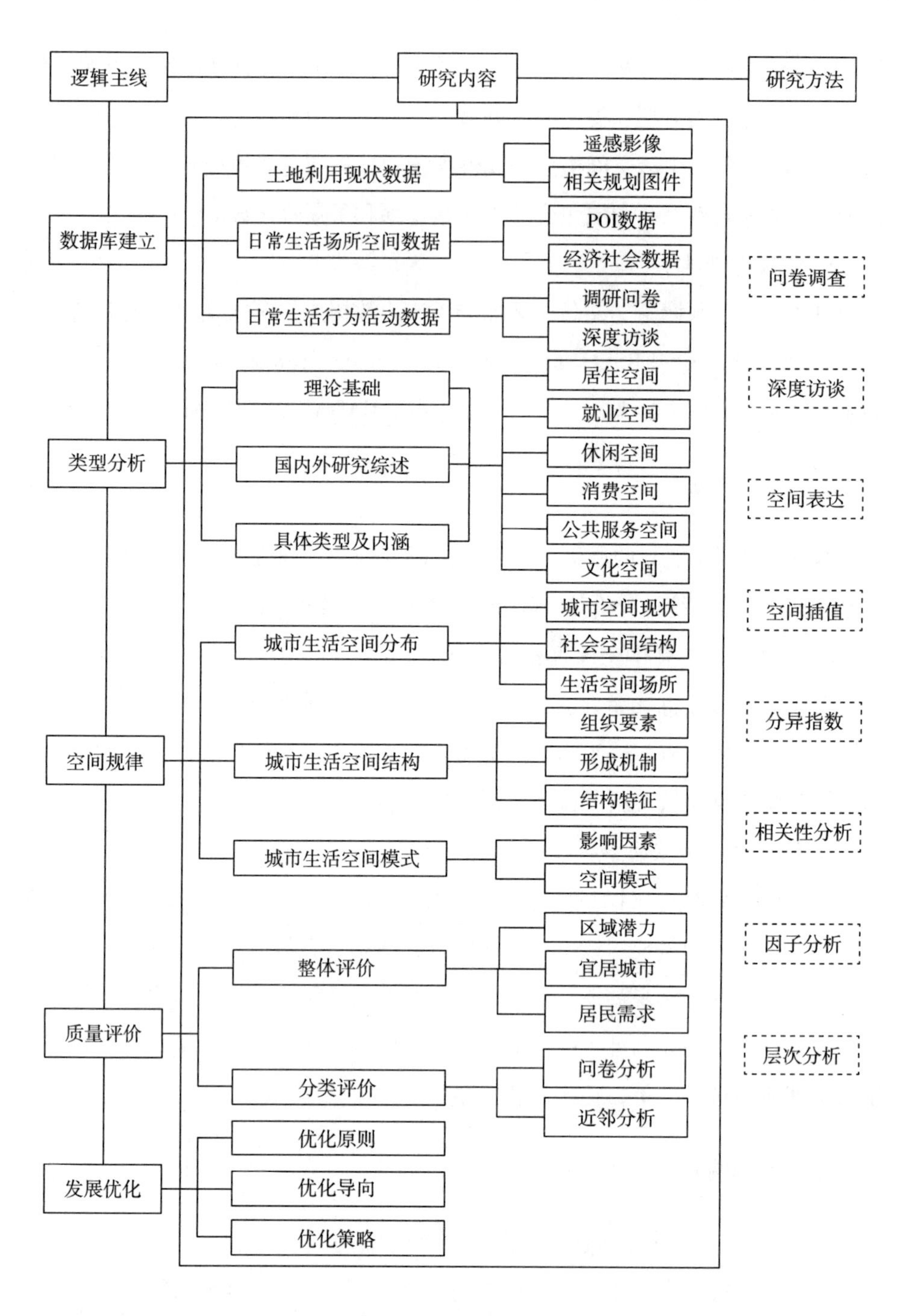
逻辑主线
研究内容
研究方法
土地利用现状数据
遥感影像
相关规划图件
数据库建立
日常生活场所空间数据
POI数据
经济社会数据
日常生活行为活动数据
调研问卷
深度访谈
问卷调查
理论基础
居住空间
就业空间
深度访谈
类型分析
国内外研究综述
休闲空间
消费空间
空间表达
具体类型及内涵
公共服务空间
文化空间
城市空间现状
空间插值
城市生活空间分布
社会空间结构
生活空间场所
组织要素
分异指数
空间规律
城市生活空间结构
形成机制
结构特征
相关性分析
城市生活空间模式
影响因素
空间模式
区域潜力
因子分析
整体评价
宜居城市
居民需求
质量评价
层次分析
分类评价
问卷分析
近邻分析
优化原则
发展优化
优化导向
优化策略

**图 1－1　技术路线**

术路线为“一条主线，两个结合，五个部分”：一条主线，以乌鲁木齐城市居民生活空间研究为主线，实现表达现状、发现问题和发展优化的研究目标；两个结合，空间和非空间视角相结合，地理空间分析和定量评价相结合，从现状供给和居民需求两方面揭示城市生活空间规律、影响因素、形成机制及存在问题；五个部分，数据库建立、类型分析、空间规律、质量评价和发展优化。具体技术路线如图 1－1 所示。

## 第四节　研究区域概况

### 一、案例地选择说明

1. 乌鲁木齐市的地域特殊性

本书以乌鲁木齐市为案例城市，选择这一区域主要是基于其特殊的地理区位。英国地理学家麦金德的“心脏地带”学说认为，“心脏地带”包括从东欧平原一直延伸到西伯利亚平原的欧亚大陆中心地域，中国新疆是其战略支点的重要组成部分。新疆维吾尔自治区位于欧亚大陆腹地，与俄罗斯、哈萨克斯坦等八国接壤，是中国与欧亚大陆各国联系的重要枢纽和交通要冲，四大古代文明在此融会交往，战略地位极其重要。乌鲁木齐位于新疆中部，是新疆维吾尔自治区的省会，素有“亚心之都”的称呼，自古以来就是沟通东西商贸的重要枢纽，其独特的地理区位与脆弱的生态环境形成了绿洲城市类型，具有地域特殊性。

2. 丝绸之路经济带背景下的城市发展

当前，中国经济和世界经济高度关联。丝绸之路经济带的提出与发展，进一步加强中国与世界的经济联系。新疆具有独特的地缘、资源和人文优势，是建设丝绸之路经济带上重要的交通枢纽、商贸物流、金融、医疗和文化科教中心。随着丝绸之路经济带核心区建设从构想走入现实，新疆的“五大中心”建设也取得了一定进展。

在此背景下，新疆城镇化发展整体呈现首位城市过大、大中城市不足和小城镇较多的绿洲城镇体系特点。新疆城镇人口占总人口比重（常住人口城镇化率）由1978年的26.07%上升到2016年的48.35%，2016年年末常住总人口2398.08万人，人均存款达到31267.8元。城镇化水平有所提高，但仍低于全国常住人口城镇化率57.35%。乌鲁木齐市作为新疆政治、经济、文化、科教、金融和交通中心，是第二座欧亚大陆桥中国西段的桥头堡，肩负着带动新疆经济发展、维护新疆社会稳定、促进新疆深化改革的重任。从空间环境、形态和功能来看，其城市发展意义深远。

（1）空间环境

新疆面积广阔，区域工业化和城镇化加速发展，城市生活空间急剧变化。新疆的区域差异较大，受自然环境条件等约束，其城镇化建设、发展、人口扩张及空间扩展模式等各方面不同于东部和中部。新疆城镇化发展，具有不同于国内其他地区、自身内部也不尽相同的发展模式。乌鲁木齐市作为新疆的首位城市，在这种工业化、城镇化快速发展的特殊背景下，城市生活空间研究具有典型性。

（2）空间形态

乌鲁木齐城市空间形态特殊，城市居民出行有别于其他地区。乌鲁木齐市坐落于天山北坡乌鲁木齐河冲积扇上，形成南北狭长的带状空间形态，使其基础设施和公共设施的布局面临着诸多问题，其空间扩张又受到天山山脉以及自然环境的限制。另外，乌鲁木齐市地势起伏差异大，山地面积高达50%以上，是依山而建的水资源约束型绿洲城市，具有居民出行研究的特殊性。

（3）空间功能

乌鲁木齐作为西部边陲大城市，城市可持续发展对边疆社会稳定与发展具有重要意义。新疆城镇化发展具有快于工业化发展的特点，有学者称之为“超前城镇化”[10]。这意味着城镇中农业人口比重依然过大，虽然已在户籍上转型为城市人口，但其从业性质没有改变，故而难以被现有城镇文明接受和同化，反而会导致“异化城镇文明”这种反作用产生。在“异化城镇文明”影响下，容易强化城市社会的负面活动，形成城市社会中的不安定因素，引发群体性事件，是社会稳定和城市发展的重大隐患。城镇化、工业化发展以及群体性事件的多方面影响，使城市生活空间功能发生了相应的改变，乌鲁木齐市的可持续发展对社会稳定与经济发展都具有重要意义，可在新疆城市发展中起表率作用。

3. 乌鲁木齐市的文化多样性

乌鲁木齐作为多元文化交融之地，多民族聚居历史悠久，城市生活空间发育典型。新疆的居住格局在城镇和乡村中具有一定差异，在城镇中以多民族杂居、混居形式为主；但在乡村则以小聚居形式为主，这种居住格局形成了独特的地域及文化基础。乌鲁木齐自古就是丝绸之路新北道上的重镇、东西方经济文化的交流中心。市场经济条件下基于业缘而形成的杂居社区是其经济基础，地缘是其地理基础，社区多元文化是其精神依托，民族关系与公民关系日益融合是其社会基础，国家认同则是政治基础[11,12]。乌鲁木齐市这种多民族聚居的居住类型，对居民日常生活中各类活动都会有一定影响，城市生活空间发育具有典型性和特殊性。

## 二、自然及行政概况

1. 自然概况

乌鲁木齐市位于准噶尔盆地南缘，北天山北麓，整体呈现三面环山的“锅底”状态，东面、南面和西面均为山体，北面为准噶尔盆地南缘，因此城市地势呈现东南高、西北低态势，空气流通不畅，冬季等采暖季易产生较严重的空气污染现象。经纬度分别是东经86°至89°，北纬42°至45°。海拔680～920米，市区平均海拔800米，自然坡度12‰～15‰。市内有乌鲁木齐河、头屯河、白杨河和柴窝堡湖等水系，其中乌鲁木齐河是乌鲁木齐市的母亲河，是乌鲁木齐市重要水源补给。乌鲁木齐河发源于天山山脉的1号冰川，自南向北冲刷而下，由西南向北斜贯乌鲁木齐市市区，最终流入准噶尔盆地南缘的东道海子，全长 214 千米。

乌鲁木齐市区位概况。乌鲁木齐位于新疆维吾尔自治区中部，东南西北四个方向均有县市相邻。辖区东与吐鲁番市接壤，连接地为自恰克马克塔格到大河沿一带；西与昌吉市相邻最近，两城市以头屯河为界划分，经济发展紧密相连，组成乌昌石城市群；南与托克逊县、和硕县相连，以托克逊县的喀拉塔格—克孜勒伊连接乌鲁木齐市的南山矿区，在夏泽格山脊线以南与和硕县连接；西南方向与库尔勒市的和静县比邻；北部由博格达山脊为界，与吉木萨尔县、阜康市分布山脊两侧。

乌鲁木齐市气候概况。乌鲁木齐属中温带大陆性干旱气候，四季分配严重不均，春秋两季很短，冬夏两季较长，尤以冬季寒冷漫长并出现逆温层现象，整体寒暑温度变化剧烈；总体降水量较少，年平均降水量为 194 毫米左右，并且呈现随海拔高度垂直递增的特点；昼夜温差较大，一直以来都有“早穿棉袄午穿纱，围着火炉吃西瓜”的特点。天气最热的时间在夏季七八月左右，一般平均气温为 25.7℃，极端最高气温可达 47.8℃；天气最冷的时间在冬季一二月左右，一般平均气温为 −15.2℃，极端最低气温可达 −41.5℃。冬季必须采取供暖措施，一般采暖季自每年 10 月中旬至次年 4 月中旬。

2. 行政区划

乌鲁木齐市经多次调整后，现辖七区一县，分别为天山区（设 15 个街道）、沙依巴克区（设 15 个街道）、高新技术开发区（也称新市区，设 4 乡 1 镇 13 个街道）、水磨沟区（设 10 个街道）、经济技术开发区（也称头屯河区，设 9 个街道）、米东区（设 2 乡 5 镇 6 个街道）、达坂城区（设 3 乡 1 镇 3 个街道）及乌鲁木齐县（设 5 乡 1 镇），市域行政区划面积 14890 平方千米，拥有 71 个街道办事处、8 个镇和 14 个乡（见表 1－1）。

表 1-1　2014 年乌鲁木齐行政区设置

| 市辖区 | 乡 | 镇 | 街道 | 乡镇、街道名称 |
| --- | --- | --- | --- | --- |
| 天山区 | 0 | 0 | 15 | 燕儿窝、新华南路、新华北路、团结路、青年路、东门、和平路、幸福路、胜利路、解放南路、解放北路、碱泉街、延安路、红雁街道、南草滩 |
| 沙依巴克区 | 0 | 0 | 15 | 八一、友好南路、友好北路、扬子江路、长江路、西山、炉院街、平顶山、水泥厂街、和田街、雅玛里克山、红庙子、长胜南、长胜东、长胜西 |
| 高新技术开发区（新市区） | 4 | 1 | 13 | 北京路、二工、三工、石油新村、迎宾路、高新街、长春中路、安宁渠镇、青格达湖乡、六十户乡、喀什东路、二工乡、地窝堡乡、天津路、银川路、杭州路、南纬路、北站东路 |
| 水磨沟区 | 0 | 0 | 10 | 水磨沟、六道湾、八道湾、苇湖梁、新民路、南湖南路、七道湾、南湖北路、石人沟、榆树沟 |
| 经济技术开发区（头屯河区） | 0 | 0 | 9 | 头屯河、火车西站、王家沟、乌昌路、北站西路、中亚北路、中亚南路、嵩山街、友谊路 |
| 达坂城区 | 3 | 1 | 3 | 艾维尔沟、乌拉泊、盐湖、东沟乡、西沟乡、阿克苏乡、达坂城镇 |
| 米东区 | 2 | 5 | 6 | 石化、地磅、卡子湾、芦草沟乡、柏杨河哈萨克乡、古牧地镇、长山子镇、羊毛工镇、三道坝镇、铁厂沟镇、古牧地东路、古牧地西路、米东南路 |
| 乌鲁木齐县 | 5 | 1 | 0 | 水西沟镇、板房沟乡、萨尔达坂乡、永丰乡、甘沟乡、托里乡 |
| 合计 | 14 | 8 | 71 | |

资料来源：《乌鲁木齐统计年鉴 2014》。

## 三、人口、经济和交通概况

### 1. 人口概况

乌鲁木齐一直以来都是以多民族聚居为主要形式的城市。现有少数民族 49 个，世居民族 13 个。2000 ~ 2015 年，人口规模不断扩大，除 2010 年、

2015 年人口增长率低于 1% 以外，其余年份均高于 2%。2000 年户籍总人口 181.7 万人，至 2016 年达 266.8315 万人（见图 1-2）。

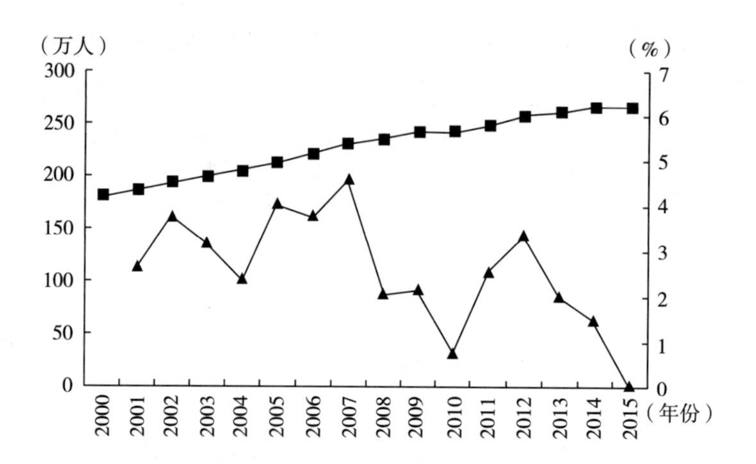


**图 1-2　乌鲁木齐市户籍总人口增长情况（2000～2015 年）**

资料来源：根据《乌鲁木齐统计年鉴 2016》整理而得。

乌鲁木齐人口呈现相对集中的分布态势，主要集中在天山区、沙依巴克区以及高新技术开发区（新市区），这些行政区是形成时间较长、发育较为成熟的地区。在达坂城区和乌鲁木齐县这些面积较大的区，人口分布却相对较少，形成了地广人稀的情况，这与其地形、气候及发展历史等有直接关系（见表 1-2）。

**表 1-2　乌鲁木齐市 2000 年和 2010 年常住人口分布情况**

| 地区 | 2000 年 | | 2010 年 | | 年均增长率（%） |
|---|---|---|---|---|---|
| | 人口数（万人） | 比重（%） | 人口数（万人） | 比重（%） | |
| 合计 | 181.69 | 100.00 | 311.26 | 100.00 | 5.53 |
| 天山区 | 44.13 | 24.29 | 69.63 | 22.37 | 4.67 |
| 沙依巴克区 | 45.7 | 25.15 | 66.47 | 21.36 | 3.82 |
| 高新区（新市区） | 38.66 | 21.28 | 73.03 | 23.46 | 6.57 |

续表

| 地区 | 2000 年 | | 2010 年 | | 年均增长率（%） |
|---|---|---|---|---|---|
| | 人口数（万人） | 比重（%） | 人口数（万人） | 比重（%） | |
| 水磨沟区 | 21.38 | 11.77 | 39.09 | 12.56 | 6.22 |
| 经开区（头屯河区） | 12.32 | 6.78 | 17.28 | 5.55 | 3.44 |
| 达坂城区 | 4.03 | 2.22 | 4.07 | 1.31 | 0.10 |
| 米东区 | 8.98 | 4.94 | 33.37 | 10.72 | 14.03 |
| 乌鲁木齐县 | 6.49 | 3.57 | 8.32 | 2.67 | 2.52 |

资料来源：《乌鲁木齐市 2010 年第六次全国人口普查主要数据公报》。

乌鲁木齐市作为新疆省会，一直以来对流动人口吸引力较高，是新疆主要的流动人口集聚地。迁入人口近 16 年来均在四万人以上，明显高于迁出人口（见图 1－3）。城市外来人口的增加，一方面使得城市人口规模不断扩大，城市整体空间进一步扩展；另一方面外来人口成为城市社会群体的重要组成部分，成为现有社会区形成的主要影响因子。

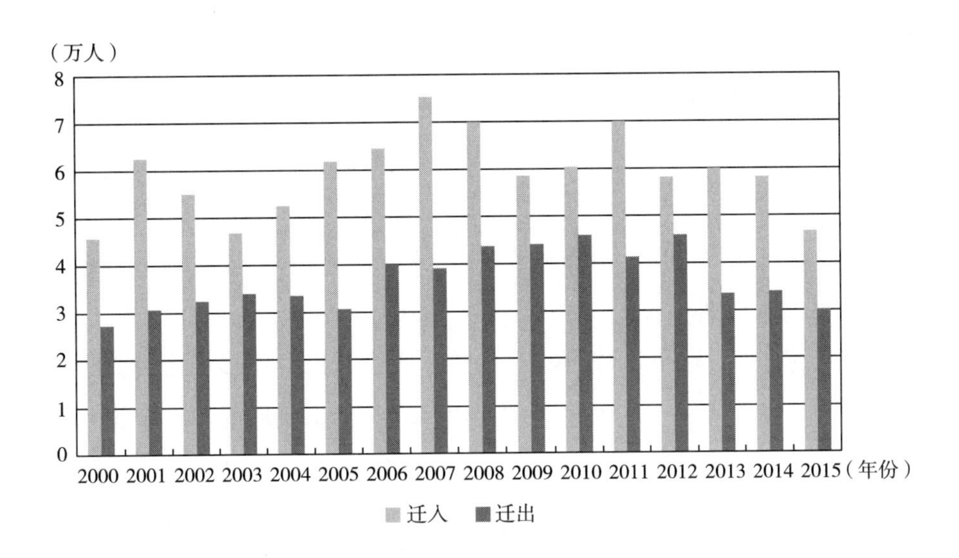


**图 1－3　乌鲁木齐市人口迁移变化（2000～2015 年）**

资料来源：根据《乌鲁木齐统计年鉴 2016》整理而得。

乌鲁木齐市的人口结构总体上男性略多于女性，少数民族比例占总人口的1/4。第六次全国人口普查显示乌鲁木齐市常住人口为3112559人，十年增加近一倍人口，增长率达49.51%，年平均增长率为4.10%。这十年是乌鲁木齐市城市化高速发展的十年，也是经济高速发展的十年。至2015年末，乌鲁木齐常住人口增速呈现放缓态势，这为合理实施城市规划，进一步完善城市公共服务设施，提升城市吸引力和凝聚力提供了一定缓冲时间。

2. 经济概况

自20世纪90年代初以来，乌鲁木齐城市化水平随着经济发展快速提升[13]，作为新疆的经济、文化、交通、政治中心，“一带一路”重要节点城市，面对复杂多变的经济形势背景，乌鲁木齐整体经济发展速度较快。全市2016年地区生产总值（GDP）为2458.98亿元，相比2015年增长7.6%，增长速度为全疆之首，相较于国内其他城市，亦处于中等水平。其中，第一产业累计增加值28.37亿元，第二产业704.94亿元，第三产业最高达1725.67亿元。三次产业分别带动城市经济增长比例为3%、1.7%和10.4%；三次产业结构比例为1.1∶28.7∶70.2，实现较为合理的产业布局模式。城镇居民全年可支配人均收入34190元，农牧民人均纯收入16351元，农牧民人均收入增长率高于城镇居民人均收入0.8%左右，但居民人均收入仍较低。城市居民人均消费支出27915元，比上年增长12.8%，其中食品支出8089元，是消费支出中最高部分，其比重为29%，消费水平增长率略高于国内其他同等规模城市。

3. 公共交通概况

公路交通方面，截至2013年底，乌鲁木齐市“田”字形快速路二期正式通车，中心城区“环+十字轴线”的快速路网骨架正式形成，占乌鲁木齐市总道路面积的10%，使中心城区通行能力平均提高了30%[14]。至2015年末，乌鲁木齐市城市道路长度为2237千米，城市道路总面积为3224万平方千米，城市路网密度达到5.61千米/平方千米，人均城市道路面积10.34平方米，与国家规定路网密度（5千米/平方千米至7千米/平方千米）、人均道路面积（6～13.5平方米）标准相比，路网密度和人均道路面积刚达标。乌鲁木齐市现形成以国道为主骨架，与省道、市内快速路环线、市内主干道等相依托的公路网络，交通网络密集区主要在中心城区。

乌鲁木齐中心城区干道网密度从其级配关系看，主干路、次干路、支路比大致为1∶0.7∶1.3，与规范要求的1∶1.3∶3.5的水平有一定的差距，次干路不足，支路明显缺乏。吐鲁番—乌鲁木齐—大黄山高等级公路由南至北贯穿乌鲁木齐，连接三个地、州、市和三条国道线，南线由乌鲁木齐向南通往吐鲁番，北线由乌鲁木齐向北至大黄山。与312国道相连向东可通往哈密、甘肃地区，与314国道相连向西可通往库尔勒地区，与216国道相连向北可通往阿勒泰地区，全长283.9千米[15]。

## 四、本书研究范围

乌鲁木齐市建城区主要为中心城区，且人口也集聚于此，占市域总人口的85%，因此将研究范围界定在乌鲁木齐市中心城区。《乌鲁木齐市城市总体规划》（2014～2020年）定义中心城区总面积1435平方千米，其范围西至乌鲁木齐县的萨尔达坂乡，经济技术开发区（头屯河区）的乌昌路街道、王家沟街道边界，北至米东区的芦草沟乡边界，东至规划绕城高速公路、米东区铁厂沟镇边界，南至沙依巴克区长胜西街道、天山区红雁街道边界。2010年与2014年行政区划虽有一些变更，但中心城区的范围并没有变化。乌鲁木齐市中心城区包括天山区、经济开发区（头屯河区）、高新区（新市区）和沙依巴克区、水磨沟区大部，以及米东区、乌鲁木齐县部分街道（乡镇），共68个街道3镇6乡（见表1－3）。乌鲁木齐行政区划随着城市发展也发生了极大变化，由表1－3可以看出，2010～2014年，数十个街道产生了拆分和合并。因此，以街道办事处为空间单元进行数据统计和空间分析，可能会引起一定误差。本书使用ArcGIS中的创建渔网工具，通过格网化处理数据后，以期规避行政区划变更引起的统计误差。

**表1-3 乌鲁木齐市中心城区行政区划**

| 市辖区 | 2010年街道名 | 2014年街道名 | 备注 |
|---|---|---|---|
| 天山区 | 燕儿窝、胜利路、团结路、解放南路、新华南路、和平路、解放北路、幸福路、东门、新华北路、青年路、碱泉、延安路、红雁街道、黑甲山片区、二道桥片区、赛马场片区、大湾片区 | 燕儿窝、新华南路、新华北路、团结路、青年路、东门、和平路、幸福路、胜利路、解放南路、解放北路、碱泉街、延安路、红雁街道、南草滩 | 2013年设立南草滩街道 |
| 沙依巴克区 | 长江路、和田街、扬子江路、友好南路、友好北路、八一、炉院街、西山、雅玛里克山、红庙子、兵团农十二师一零四团、兵团农十二师西山农场 | 长江路、和田街、扬子江路、友好南路、友好北路、八一、炉院街、西山、雅玛里克山、红庙子、水泥厂街、平顶山、长胜东、长胜西、长胜南 | 2013年设立长胜东、长胜西、长胜南街道 |
| 高新技术开发区（新市区） | 北京路、二工、三工、石油新村、迎宾路、喀什东路、北站东路、天津路、银川路、南纬路、杭州路、中亚北路、中亚南路、友谊路、嵩山街、二工乡、地窝堡乡、高新技术产业开发区虚拟街道 | 北京路、二工、三工、石油新村、迎宾路、高新街、长春中路、安宁渠镇、青格达湖乡、六十户乡、喀什东路、二工乡、地窝堡乡、天津路、银川路、杭州路、南纬路、北站东路 | 高新街街道为高新技术产业开发区虚拟街道，安宁渠镇、青格达湖乡、六十户乡2011年由乌鲁木齐县移交新市区，2013年设立长春中路街道 |
| 水磨沟区 | 水磨沟、六道湾、苇湖梁、八道湾、新民路、南湖南路、南湖北路、七道湾 | 水磨沟、六道湾、苇湖梁、八道湾、新民路、南湖南路、南湖北路、七道湾、榆树沟、石人沟 | 2013年设立榆树沟街道、石人沟街道；榆树沟大部分未建设区不在中心城区 |
| 经济技术开发区（头屯河区） | 头屯河、火车西站、王家沟、乌昌路、北站西路、兵团十二师三坪农场、兵团十二师五一农场、兵团十二师头屯河农场 | 头屯河、火车西站、王家沟、乌昌路、北站西路、中亚北路、中亚南路、嵩山街、友谊路 | 中亚北路、中亚南路、嵩山街、友谊路由新市区移交；兵团十二师三坪农场、兵团十二师五一农场并入乌昌路街道；兵团十二师头屯河农场并入王家沟街道 |
| 米东区 | 石化、地磅、卡子湾、古牧地东路、古牧地西路、米东南路、古牧地镇、铁厂沟镇、芦草沟乡 | 石化、地磅、卡子湾、古牧地东路、古牧地西路、米东南路、古牧地镇、铁厂沟镇、芦草沟乡 | 米东南路街道为2010年友好路街道 |

续表

| 市辖区 | 2010 年街道名 | 2014 年街道名 | 备注 |
|---|---|---|---|
| 乌鲁木齐县 | 萨尔达坂乡、安宁渠镇、青格达湖乡、六十户乡 | 萨尔达坂乡 | 安宁渠镇、青格达湖乡、六十户乡 2011 年由乌鲁木齐县移交新市区 |
| 合计 | 77 个 | 77 个 | |

资料来源：根据《乌鲁木齐市城市总体规划》（2014～2020 年）、《乌鲁木齐统计年鉴》（2010～2014）整理而得。

以往多以行政区单元进行社会经济数据及空间分析，但存在行政区划不稳定，数据统计口径不统一、统计不精确等问题[16]。一般行政区数据多以指标总量或平均值来具体统计，并不能完全呈现空间分布特征。通过格网化处理首先可降低行政区划变更对数据分析的影响[17]；另外，其对数据的空间分布表达更接近实际，可更为准确地表达空间结构及模式[18]。本书所选研究区域为城市主要建成区，也是人口分布集中区，因此用格网化处理人口及经济数据相对可靠。采用面积权重内插法[19]对乌鲁木齐中心城区人口及经济数据进行处理，具体公式为：

$$P_t = \sum_{i=1}^{n} \frac{A'_i}{A_i} P_i \tag{1-1}$$

式中，$P_t$ 为目标区域中的人口数；$A_i$ 为第 i 个源区域（行政区划）的面积；$A'_i$ 为第 i 个目标区域（网格区划）的面积；$P_i$ 为第 i 个源区域中的人口数；n 为目标区域内地块的数目[20]。该方法假定人口在源区域内（行政区划）和目标区域（网格区划）内分布均匀，源区域与目标区域的人口数相等，易于实现与 GIS 空间分析结合（如叠置分析）[21]。本书数据以街道（乡、镇）为行政区划统计单元，最大单元面积为 144.5 平方千米，最小为 0.5 平方千米，平均面积为 19.22 平方千米。采用 1 平方千米网格对行政区划数据进行转换，形成的偏差较小，适用于社会人口、空间场所数据空间分析，基本接近实际。乌鲁木齐中心城区共划分为 1597 个网格单元。

# 第二章　城市生活空间理论认知

## 第一节　城市生活空间研究理论基础

### 一、空间生产理论

城市是人类文明的结晶，是人文地理学人地关系的重要研究对象。随着人本主义思潮的兴起，人文地理学研究经历制度转向、空间转向和社会文化转向，城市生活空间研究备受关注。英美国家学者对列斐伏尔“空间的生产”理论（即空间生产理论）的研究日益推崇，空间生产理论对当代人文地理学相关重大问题进行了探讨。从哲学的层面看，列斐伏尔寻求能掌握空间三大“领域”——物质、精神和社会统一的理论，从物质空间、精神空间和生活空间三方面建构了“空间”的概念[22,23]。葛瑞哥里将其演绎后认为，空间再现和再现空间的关系，架构于抽象空间对具体空间（日常生活）的支配上[24]，即物质空间是抽象空间和具体空间的承载，两者在物质空间中通过建筑、规划等科学主导秩序，渗透于日常生活；而具体空间则通过非正式的节庆式逾越，与物质和精神空间产生对抗，呈现“非此即彼”的二元对立。索亚将逻辑转换为“两兼其外”的三元辩证，认为社会（生活）空间是一种双重意义的空间，不同于物理和心灵（精神）空间，但又可将两者兼并包容的空间[25]。哈维则进一步演绎，利用九宫格构建了空间性的一般矩阵，将空间存在论界定与空间的（社会）分析面向交错起来，提出以关系和过程为核心考虑的多重性辩证[26]。可见，城市空间是城市居民日常生活的场所集聚空间，是城市居民社会关系的再现空间，是空间形式—内涵—意义的有机统一体，是物质属性与社会属性的辩证统一[27]。“空间”三大领域的区分可诉诸功能主义城市生活（Functionalist Urbanism），它将专门化区域（Specialized Zones）分配给诸如工作、居住、休闲和消费等居民日常行为活动[28]。人们在小区、单位、商店等不同场所间的行为活动，在空间上的投射即可视为生活空间[29,30]。总体看来，“第三浪潮”弱化了前期以哈维和索亚为代表的学者对空间本体论和认识论的讨论，转向对列斐伏尔式研究方法的探索[31]。列斐伏尔空间生产理论中“社会—空间”辩证统一观点为我国城市社会—生活空间研究提供了新的可能。

### 二、时间地理学理论

时间地理学（Time - Geography）是20世纪60年代后期瑞典地理学家哈格斯特朗倡导，并由以他为核心的隆德学派（Lund School）发展而成的[32]。此后，卡尔斯泰英、普雷德和思里夫特等人对时间地理学进行了大力介绍与推广，在欧美地理学界掀起了相关学科领域应用时间地理学方法的热潮。1976年，石水照雄在日本首次介绍了时间地理学的主要概念，20世纪80年代后期在日本地理学会成立由时间地理学研究会来翻译和介绍时间地理学的主要方法，在生活空间、女性地理学、城市地域等方面，应用时间地理学方法开拓了许多新的领域，取得了一些重要的研究成果。时间地理学最初用来表示人的活动状况是其最具特色的路径（Path）的概念。所谓路径，就是人在时空轴上的一系列活动的轨迹。时间地理学方法诞生于20世纪70年代，与结构主义方法不同的是，它更注重分析围绕人们活动的各种具体的制约条件，并在时空轴上动态地描述和解释各种人类活动。时间地理学关心生活质量问题，强调为市民提供公平的服务设施配置方案，从微观上研究作为个体的人的各种活动。在城市社会研究中，时间地理学方法已在生活活动空间、交通规划及社区规划等方面的研究中显示出其独特的效果[33]。

时间地理学方法是基于个人日常行为分析的方法论，是一种动态的方法。通过跟踪一个群体中每个人的日常活动路径，研究发生在路径上的活动顺序及时空间特征，可以得出个人或群体活动系统与个人或群体属性之间的匹配关系，从而找到不同类型人群的活动规律，并且利用这种规律进行合理的设施配置[34]。换言之，时间地理学方法是一种基于个人行为研究的微观手段，将微观化个人的研究成果转移到具有某种共同属性的微观人群的研究，尤其注重个人日常行为的分析[35]。近年来，社会发展的目标转向追求满足居民日常生活质量的提高，社会资源的公平合理分配。时间地理学不仅对早期的理论假设、空间表达方式进行了修正，以至于有人提出“新时间地理学”的概念，而且其实践应用领域也得到扩展，在城市交通规划、女性研究、城市空间结构及通信技术使用的应用范围逐步扩大[36]。时间地理学在城市规划[37]、弱势群体（以女性[38]、老人、儿童为研究对象）、城市空间结构[39]和大数据时代背景下行为变化研究方面得以应用。

## 第二节　相关概念界定

### 一、城市空间

现代法国哲学家列斐伏尔较早地探讨了空间的现实性。他提出了“空间三元论”，认为空间由空间实践、空间再现和再现的空间三者组成[22]。其中，空间实践指的是发生在空间并跨越空间的相互作用，是作为经济生产和社会再生产基本过程的一部分。它首先是人的活动成果，表现为可感知的物理意义上

的环境。空间再现指的是一个概念化的、想象的空间，这一空间往往带有某种象征权力持有者的符号、编码和“行话”[40]。再现的空间指的是日常生活的“实际”空间，与一般大众的生活密切关联的空间，指被图形与符号及生活在空间里的人们赋予生命力的空间。由此可见，列斐伏尔从物质空间、精神空间和生活空间三方面建构了“空间”的概念，充分表达了现实角度下物理、精神、社会三元辩证的空间认识[30]。

美国著名地理学家爱德华·索亚提出城市空间的“社会—空间”辩证法（Socio - spatial Dialectic）[41]，即认为城市中存在一种物质空间与社会发展双向连续的过程：一方面，人们在物质空间中工作生活，他们将自身的特性施加于空间环境，并不断地改变与塑造着人化的物质空间，以满足人类的需要；另一方面，物质空间作为人类生活的载体，也持续地影响与控制着社会生活与人类发展。段进从城市的空间属性，将城市空间分为物质形态空间、社会空间、经济空间、政治空间、生态空间等类型[42]。柴彦威从城市地理空间视角，将其分为物质空间、经济空间和社会空间三种类型，以方便相关的研究和规划调控[43]。聂承锋从城市基本功能空间视角，分析城市空间的沿海规律，建构城市功能空间的模型，将城市空间划分为居住空间、商业空间、服务业和特殊园区空间、城市活动空间几类[44]。王开泳和陈田则强调对功能空间有针对性地管理与调控，将城市空间分为生活、生产和生态三类空间[45]。

## 二、社会空间

城市社会空间是城市与社会辩证统一体[41]。城市社会空间结构是城市社会地理学研究的核心，是城市地理学、城市社会学以及城市规划研究的热点问题[46]。西方国家对城市社会空间结构的研究最早见于恩格斯对曼彻斯特的工人居住区模式的关注，兴起于20世纪二三十年代芝加哥学派的三大古典模型（Burgess 同心圆、Hoyt 扇形以及 Harris & Urman 多核心模型）[47]的出现。

社会空间统一体（A Sociospatial Dialectic）是指一方面人们创造和改变着城市空间，另一方面他们也被他们所生活和工作的空间以不同的方式支配。邻里和社区被创造、维护和改变；同时，居住在其中的居住者的价值观、看法和行为又不得不受周边人们的价值观、看法和行为以及周边环境的影响。同时，正在进行的城市化过程形成了一种变化的背景，在这个背景中，经济、人口、社会和文化的力量持续地与这些城市空间发生相互作用[28]。Dear 和 Wolch（1989）认为社会空间统一体有三个最基本的特征：①社会关系距离通过空间被建立，正如区位的特征影响着居住的安排；②社会关系距离通过空间被限制，例如在一定程度上，环境会便利人们的行为，但也可能阻碍人们的行为；③社会关系距离被空间所调节，正如“距离摩擦”会影响一系列社会行为的发展，包括人们的日常行为。

### 三、城市生活空间

生活空间是具体实在的日常生活的经验空间，是容纳各种日常生活活动发生或进行的场所总和。城市生活空间即为城市居民在各类场所中发生日常行为活动的总和。其实质是构成人们日常生活的各种活动类型及社会关系在空间上的总投影，涵盖了居民每天或经常需要不断重复发生进行的各种活动，一般指必要性的活动，但不包括偶尔发生的活动[48]。

类似的概念还有居住生活空间和日常生活空间。居住生活空间是指人类居住的生活环境，是人们日常生活的各种活动所涉及的空间，是维持其他一切生活活动的基本空间[3]。张雪伟认为，日常生活空间就是人们日常生活所占据的空间，在社会生活中，人们的日常生活要在家庭、工作单位、消费场所、非消费的公共场所之间不断移动，这种日常生活的各种活动所赖以发生的场所和空间，就是日常生活空间。日常生活空间的概念更注重于空间的文化属性和社会属性，即空间与人间的全方位的互动关系[49]。

从哲学的层面看，列斐伏尔把生活空间作为了城市空间的三大建构之一[23]。从功能空间和本体论的角度，可以把城市空间划分为生产空间、生活空间和生态空间三部分。在社会生活中，人们要在家庭、工作单位、消费场所以及休闲娱乐场所不断移动，这种日常生活的各种活动所占据的空间就是生活

空间。不同的学者从不同的视角对城市生活空间进行了不同的分类（见表2-1），政府部门和学术界对城市居住空间和城市社会空间的研究较多，对于休闲空间、消费空间、工作空间和公共服务空间的研究还有待加强。

**表2-1　不同学者对城市生活空间的内涵界定和分类**

| 研究视角 | 代表人物 | 提出时间 | 分类对象 | 主要类型 |
|---|---|---|---|---|
| 从城市的地理空间观出发 | 朱文一[50] | 1993 | 城市生活空间 | 物质空间、经济空间和社会空间 |
| 从人本主义和结构主义出发 | 王兴中[51] | 2000 | 城市生活空间 | 家庭生活空间、邻里交往空间、城市社区空间和城市社会空间 |
| 从中国城市居民生活中的最基本空间组织单位入手 | 柴彦威[52] | 1996 | 城市生活空间结构 | 以单位构成的基础活动圈、以同质单位为主形成的低级活动圈和以区为主的高级活动圈三部分 |
| 从城市人的日常生活看 | 柴彦威[43]<br>李程骅[53] | 2000<br>2004 | 日常生活空间 | 单位空间、消费空间、交往休闲空间、居住空间 |
| 城市建筑研究的视角和范式 | 章光日[54] | 2005 | 生活空间图式 | 休闲生活空间、体验生活空间、学习生活空间、数字化生活空间、绿色生活空间、个性化生活空间图式 |
| 概括居民日常生活中的共性 | 张雪伟[49] | 2007 | 日常生活空间 | 居住空间、休闲娱乐空间、消费空间 |
| 从郊区生活空间的物质属性研究 | 王振清[55] | 2007 | 郊区生活空间 | 建构筑物空间、郊区街道空间、郊区休闲空间、郊区地下空间 |
| 从生活空间的主要范围区分 | 王开泳[30] | 2011 | 城市生活空间 | 居住空间、工作空间、休闲空间、消费空间、公共服务空间和社会空间 |

## 第三节　国内外研究进展

### 一、国内外有关城市生活空间研究进展

1. 国外研究进展

(1) 理论研究方面

生活空间是城市社会地理学的核心命题之一。“生活空间”的学术渊源可

追溯到20世纪30年代美国芝加哥学派的“人类生态学”，当时主要描述城市社区的生活方式和居住形式。以帕克、伯吉斯和沃思为代表的美国芝加哥学派，较早地关注城市成长的机制及社会后果，从“人类生态学”的视角概括出城市独特的生活方式。随后，城市生活空间的研究主要集中于传统的空间经济分析[56]。“二战”后，国外对城市生活空间的研究主要关注城市社会区划分和城市生活场所的研究[57]。以芒福德和简·雅各布斯为代表的人文主义学派更加关注城市空间的象征性功能与表达性功能，从人行道、街区、邻里交往、空间安全等方面，从社会学的角度揭示了生活空间在城市规划和实践中的重要意义[58]。最早赋予城市生活空间科学内涵的是希腊学者道萨亚迪斯（Doxiadis），他不仅研究了城市生活和居住环境，而且首次提出了“人居环境科学”的概念[59]。美国大城市生活空间质量下降严重影响了居民的身心健康[60]。由此掀起了城市生活空间规划和设计的浪潮，研究重点集中于人居环境评价与规划设计方面。以列菲伏尔、戴维·哈维、卡斯特为代表的城市政治经济学者注重从政治和经济制度的角度分析城市空间，将时空与城市过程的关系确定为一个辩证的过程[61]。

（2）实证研究方面

由于发达国家早已进入城市化世界，城市生活空间深受学术界的青睐。20世纪70年代，随着西方的发展转向和文化转型[62,63]，居民日常生活的空间研究日渐兴盛。20世纪80年代以来，西方国家普遍进入后工业化社会，对于城市生活、城市社会空间、居住环境质量的评价出现了多学科、多视角、多方法论的研究[64]，目前城市生活空间仍然是国际城市社会地理学的重要学术前沿。

现阶段，城市生活空间研究大致可分为三方面：①城市生活空间要素及结构研究[48,65,66]，居住社区是居民日常生活的主体空间，因此也成为城市社会区域系统的评价单元，社区的住宅、环境与邻里关系等要素，直接影响城市生活质量和城市生活空间质量。②特定人群的城市生活空间研究[67,68]，如老年人、残疾人、低收入群体、同性恋[69]、女性群体[70]、广场、公园、购物中心等方面的生活空间研究。③城市生活空间评价与规划研究[69,71]，城市社会—生活

空间质量综合评价指标体系的建立是国外研究的重点之一，由于居民地位、权力、收入、民族等差异，因此对生活空间的评价指标也应有所差别[71]。近年来，“空间生产”理论和质性分析方法的引入进一步丰富了城市生活空间的研究内涵，并已形成各具特色的学术流派[72,73]。

地理学对城市空间问题研究的核心是在探讨城市社会—生活空间结构的基础上，准确地理解、判断生活空间的质量和类型，并通过规划制定出社会—生活空间的调控对策，最终达到提高城市空间生活质量的目的[48]。

2. 国内研究进展

城市生活空间是中国城镇化可持续发展的空间基础和内涵扩展。2011 年末，中国共有 657 个设市城市，各级城市总的行政辖区面积为 521.6 万平方公里，占国土总面积的 54.3%。建制镇的数量增加至 19683 个。据国家统计局的数据，2011 年中国城市化率首次超过 50%，达 51.27%[74]。当代背景下的中国乡村转型和空间重构进程加速，生活空间研究亟待深化。

（1）社会生活空间成为近年来的研究热点和重点

呼应国家发展的现实需求和学术研究的国际接轨，自 20 世纪 80 年代，国内学者开始积极涉足社会地理学的空间研究。查询近年来国家自然科学基金、国家社会科学基金及教育部人文社科基金相关研究项目的资助情况，国内人文地理学者大约于 20 世纪 90 年代末开始涉猎生活空间的研究。研究趋势大致为：首先，以社会空间→生活空间→社区研究为主线，研究尺度从宏观向微观转化；其次，将日常生活空间按照功能空间划分为不同类型，包括居住、休闲、消费和就业空间等，并进行分类研究。最早从中国大城市的社会空间研究，对北京、上海、广州、西安等大都市进行社会区分析；然后进入到中国城市生活空间与社区可持续发展研究，对城市生活空间的构成、演化与转型等进行定性、定量研究；近年来，转向以社区环境（资源可获性等）、微区位研究为主的城市社区研究。

20 世纪 90 年代中期以来，王兴中、柴彦威、顾朝林等从城市的地理空间观出发研究城市生活空间。他们通过研究空间生产理论等，并借鉴相关研究方法来分析我国城市生活空间，以期指导城市规划，推动城市发展。王兴中基于人本主义和结构主义视角，认为城市生活空间由家庭生活空间、邻里交往空间、城市社区空间和城市社会空间构成；柴彦威从中国城市居民生活中的最基本空间组织“单位”入手研究城市生活空间结构，城市生活空间结构由以单位构成的基础活动圈、以同质单位为主形成的低级活动圈和以区为主的高级活动圈三部分构成。我国学者对城市生活空间的研究与实践仅散见于文章中宏观的表述，系统而全面的城市日常生活空间研究较少。进入21世纪以来，研究内容已逐步由“社会空间”向“生活空间”拓展[48,52]。

（2）城市生活空间的主要研究领域

国内的生活空间研究也主要集中于城市地域，目前已形成一些相对稳定的研究方向。

第一，城市日常生活空间系统研究[75]，包括要素研究及质量评价[76]、质量重构[77]以及具体实践探索研究[78]。城市生活空间要素主要包括自然生态环境要素、居住生活环境要素、基础设施环境要素、社会交际环境要素和可持续发展环境等方面[79]。在城市社会经济可持续发展的基础上提高城市居民的生活质量，体现社会公正，是地理学、社会学、城市规划等学科关注的焦点，提出基于城市社会—生活空间质量观的社区资源配置规划。

第二，城市日常生活行为的时空间地理学研究[80]，包括城市生活空间结构及其基本理论研究[43,48,49,54]。一些学者对城市生活空间进行了类型划分（见表2-1），其中王兴中等学者出版的《中国城市生活空间结构研究》，是从城市生活空间质量和社区规划角度研究城市生活空间结构的一部系统性的成果，但较少涉及生活空间类型和空间布局的研究。

第三，城市日常生活空间案例研究[81,82]，包括城市生活空间规划的理论研究与实践探索[48,58]。其中我国最具代表性的就是四合院和里弄等传统居住形态理论，缺乏现代的具有中国特色的城市生活空间规划理论。

第四，城市生活空间适居性与发展变化研究[83]。通过研究发现，城市生活空间适居性与经济空间、政治空间、消费文化空间等是密切相关、有一定规

律可循的[84]。城市生活空间发展变化主要反映在城市生活空间布局低密度的郊区化，城市生活空间分异和城市生活空间结构演化三个方面。

第五，城市生活空间与社区可持续发展研究[36]。主要内容是以经济为中心，以人为本，以改善城市生活空间质量为目的，以公平为准则，研究城市生活空间与城市各社区的内在机理及内在联系的规律性，促进城市健康、可持续发展，达到满足当代人需求的同时不损害后代人满足其需求发展的目的。

（3）城市生活空间的主要研究方法

此外，新的研究内容需要新的研究方法支持，已有学者对此进行了专述总结[85,86]。近年来，除了运用传统的社会调查、统计分析方法外，从实证主义、人本主义、结构主义观点出发，不仅建立了以行为科学为基础的复合方法[80]，我国一些学者用城市地理学与社会学交叉研究的方法，在城市社会空间研究领域取得了一些进展，进行了一些关于西安、兰州、上海、北京等城市的实证研究，而且借用文化生态学和结构主义手段相继建立了一些行之有效的新方法：地理分析分类法（形态分析）、生态分析分类法（自然区分析）、生态区界线确定法、社会区域分析法（生态多变量分类法）、因子生态分析法（综合分析法）、感应邻里区法（行为方法）[48]，这些方法极大地丰富和拓展了城市生活空间的研究，为生活空间规划提供了理论指导。

3. 研究评述

综合国内外研究来看，生活空间已成为学术界研究的热点和前沿问题，其理论日臻成熟并趋于复杂演化，但在某些方面仍略显不足，有待于进一步深化。

（1）研究区域方面

我国对城市生活空间的研究起步较晚，并且对生活空间概念的理解与界定相对多样。现有的国内生活空间研究主要聚焦于内地大城市，而且多以要素（类型）空间研究为主体。从类型空间到并置空间的系统，对多民族聚居城市的研究较为少见。

（2）研究内容方面

我国的专家学者对社会生活空间进行了大量的理论探讨和实证研究，从研究的重点看，主要是从人居环境和生活质量评价等方面进行研究。生活空间是空间形式（物质环境）、空间内涵（社会关系）和空间意义（价值）的有机统一体。城市生活空间是以人为本、透视当代城市人地关系的重要视角，但真正系统深入地进行“城市居民日常生活空间”研究，例如确立城市生活空间类型、解析结构分异规律、空间模式和系统辨析形成机制的研究甚少。

（3）研究方法方面

城市生活空间是相对静态的、承载各种居民活动的空间载体，但城市居民又是动态的，不断在各类场所中活动的。如何准确把握和刻画城市居民的生活活动空间，总结居民出行、购物等活动的空间轨迹与出行规律，有利于改善城市人居环境、交通条件以及各种公共服务配套设施的空间布局。结合遥感和GIS等现代技术进行生活空间的研究成果不多，对城市生活空间的空间分析还比较薄弱。

## 二、国内外有关城市生活空间类型研究进展

### 1. 国外的探讨

国外的探讨主要基于社会空间来对生活空间进行分类。自19世纪末法国学者迪尔凯姆提出社会空间（Social Space）为群体居住区域以来，不同学者对其有不同的解释。社会空间依学科不同有不同定义，社会学所指的社会空间，一是英美社会学界的所谓基层社会（Substrate Society），以涂尔干为代表，指的是社会分化，包括社会地位、宗教和种族的变化；二是法国社会学界有关邻里和人与人的交往的研究，以劳韦为代表。地理学所指的社会空间，近似劳韦的观点，不过有明显的地域意义，最小单位为家庭，较大的为邻里（街坊）、社区，最大的为城市区域甚至国家。城市地理学研究的社会空间通常包括邻里、社区和社会区三个层次，而以社会区为主。邻里是城市社会的基本单位，是相同社会特征人群的汇集；社区是占据一定区域，彼此相互作用，不同社会特征的人类生活共同体；社会区是占据一定地域，具有大致相同的生活标准、生活方式及相同社会地位的同质人口的汇集。生活在不同社会区的人具有

不同的社会经济特征、观念和行为[87]。数组邻里构成社区，数个社区构成社会区，一个城市则由多个社会区组成，城市社会空间结构即由这些不同层次的社会地域单元所构建和体现。

城市社会空间是城市与社会辩证统一体。西方国家对城市社会空间结构的研究最早见于恩格斯对曼彻斯特的工人居住区模式的关注，兴起于20世纪二三十年代芝加哥学派的三大古典模型（Burgess 同心圆、Hoyt 扇形、Harris & Urman 多核心模型）的出现。此后，在大量的实证案例研究积累和总结比较中形成了景观学派、社会生态学派、区位论学派、行为学派、结构主义学派和时间地理学学派等[88]。西方城市社会空间结构研究自20世纪50年代至今，从概念的提出到实证研究，研究范围和深度不断扩大，注重城市社会空间结构的演化过程并呈现多元化的发展趋势。

1950年，美国社会学家 Shevky、Williams 及 Bell 等人开始关注北美城市的社会空间结构，总结出社会区的主要形成因素和分析指数。他们认为社会空间差异性是整个城市社会经济差异性的表现，社会空间差异在一定程度上是城市社会内部矛盾的反映，是城市经济发展同城市其他方面发展不协调的产物。采用统计数学中的因子分析，对人口普查数据进行分析，概括总结了城市社会空间的主要因子及其作用的空间特征。随着社会空间结构的研究发展，因子生态分析法得到进一步的发展，对城市内部每个统计小区的社会、经济、文化、居住和人口等大量数据，提取出主要因子来表征社会空间的实质，还可从不同时间断面分析城市社会空间结构演化过程。

2. 国内的探讨

（1）基于社会空间的分类

自改革开放以来，国内学者对中国城市社会空间分异和重构的研究成为关注焦点。实证研究的案例地涵盖北京、上海、广州、南京、南昌、西安、兰州、武汉、长春、乌鲁木齐等[89]，城市社会空间结构研究已经逐步从传统的邻里、社区和社会区域的研究逐渐发展到居住空间、社区分异、感应空间和生活活动空间的研究[90]。中国城市社会空间分异在程度上与西方城市存在根本差异，转型期中国城市空间结构异质性特征突出，带有多中心结构特点，包括：圈层结构、带状结构、放射结构、多核网络结构和主城—卫星城结构[91]。

基于社会区的中国城市社会空间研究主要关注社会空间的综合分异和关键因子间关系的解析，而对社会要素本身的空间特征探究相对不足。其高度概括的空间结构呈现，与城市社会的实际运行之间缺乏过程、机制上的理解[20]，刘云刚等基于规划实践中的社会要素定义，结合“社会—空间生产”的内涵，提出一种便于分析与应用的社会具化空间的定义（见图 2－1），分为三个层面：第一是生活空间，指在社会空间中呈现出不同特征的行为主体和使用者所构成的社会空间关系等；第二是物质空间，是可感知的实体空间，主要指占据一定地域，服务于社会生活的具有社会公共性的设施配套等；第三是制度空间，即维系社会内部生产关系的秩序和权力结构的支配主体，包括从事组织管理的各类机构团体等。从社会人口、服务设施、组织机构三类要素出发，以一千米为尺度进行数据网格化转换，绘制社会地图并归纳社会空间特征[20]。但由于文化意识方面难以从实体空间中考量，故暂未纳入考虑。尝试以人口普查数据和社会设施机构 POI 数据首先进行社会空间属性的归纳，制作社会地图，并以此为基础，采用归纳的方法渐进探索中国城市社会空间的特征，并且对数据进行网格化转换后，对人口空间分布状况反映更为准确，易于凝练空间结构及模式，是研究方法的进一步深入发展。

（2）基于生活内容的分类

基于活动空间的城市生活空间分类，是基于时间地理学理论，从需求视角分析微观个体行为时空数据的分类方法。多采用调研问卷、活动日志和深度访谈，近年来通过引入 GPS、GSM 等新型定位方式获取更为精细化、长期的活动与出行时空数据[92]，其根本出发点是以人日常行为活动的活动时长和活动频次来定义生活空间类型。居民日常活动可以划分成三大类、七小类，即生活必需时间（睡眠、私事）、社会必需时间（工作、家务、购物、移动）以及自由支配时间（休闲）[93]。

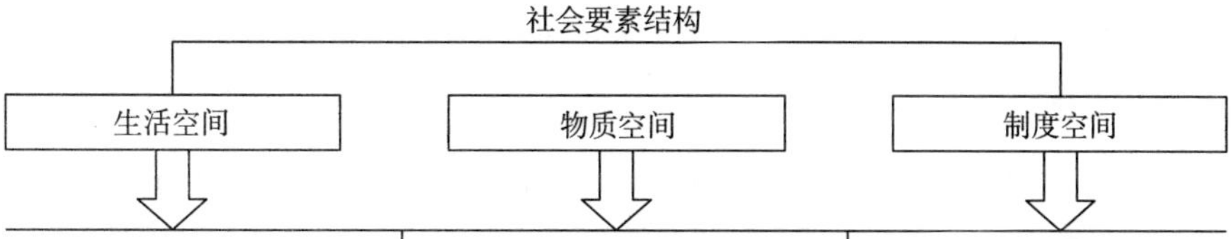

社会要素结构

| 生活空间 | 物质空间 | 制度空间 |
| --- | --- | --- |
| ⇩ | ⇩ | ⇩ |

| 社会人口 | | 服务设施 | | 组织机构 | |
| --- | --- | --- | --- | --- | --- |
| 个人属性 | 年龄结构 | 公益性设施 | 教育设施 | 制度机构 | 行政管理部门 |
| | 户口性质 | | 医疗卫生 | | |
| | 迁移情况 | | 文化设施 | 社会机构 | 社团协会 |
| 家庭住房 | 家庭类型 | | 体育休闲 | | |
| | 住房面积 | | | | |
| | 住房租金 | 经营性设施 | 商业零售 | 市场机构 | 工厂企业 |
| | 住房来源 | | | | |
| 社会阶层 | 受教育程度 | | 餐饮娱乐 | | |
| | 从事行业 | | | | |
| | 职业类型 | | 商务服务 | | |

**图 2-1 社会空间的要素结构[20]**

基于居民活动类型的复杂性，对城市生活空间分类亦略有不同。首先，对于特定区域的居民生活空间的分类。①依托单位空间的分类，城市生活空间结构是以单位构成的基础活动圈、以同质单位为主形成的低级活动圈和以区为主的高级活动圈三部分组成。②依托社区空间的分类，日常活动空间分为通勤、购物、就学、就医、休闲等类型，居民日常活动空间由多种因素共同影响塑造而成[93]。影响因素包括场所距离、行为偏好、对服务要求，交通方式变化对居民需求的影响，以及供给场所的空间分布、政府的供给能力等。同时，大型社区的社区职能由单纯卧城向综合型社区的演变成为居民多种生活空间重构的背景，不同生活空间之间相互联系，并互相影响[94]，影响生活空间划分的主要因素是共用的商业设施和交通服务设施，以及其他空间环境因素[39]。③依托郊区空间的分类，从物质属性视角可分类为建构筑物空间、郊区街道空间、郊区休闲空间、郊区地下空间[55]。其次，基于居民日常生活行为的分类。柴彦威在《城市空间》一书中将日常生活空间分类为单位空间、消费空间、交往休闲空间、居住空间[43]；张雪伟在《日常生活空间研究》中将日常生活空间分类为居住空间、休闲娱乐空间和消费空间[49]；从居民日常活动时长角度，分析性别、年龄、职业和收入对居民时间利用的影响，多数居民的生活呈“模式化”特征，生活规律的共性很强[95]。

（3）基于功能空间的分类

基于功能空间的城市生活空间，是基于城市地理学理论，依据城市建筑的空间点（场所）类型和功能属性，从供给视角分析空间点（场所）数据的分类方法。空间表征主要由建筑物的功能属性来体现，立足于生活空间综合体和功能空间的视角，根据不同的形成条件和空间形态划分不同的生活空间类型，每一种生活空间类型都是在特定条件和背景下形成的。

依托人本主义和结构主义视角，生活空间分类为家庭生活空间、邻里交往空间、城市社区空间和城市社会空间。依托城市建筑类型，城市生活空间图式可分类为休闲生活空间、体验生活空间、学习生活空间、数字化生活空间、绿色生活空间、个性化生活空间图式[54]；依托生活空间的主要范围，城市生活空间可分为居住空间、工作空间、休闲空间、消费空间、公共服务空间和社会空间六个方面[30]，基于空间点数据对西安市文化娱乐业的空间格局及热点区模式的研究，可视为通过空间点（场所）类型来识别研究空间属性的方法尝试[96]。

从建筑物角度来看，建筑物的建设塑造了城市的空间结构，城市发展的空间特征主要体现在建筑物如何建设的空间特征上。张小虎等依托北京经济普查和人口普查数据，提出给予建筑物特征的城市空间结构的“向量”模型研究方法，并以此探究建筑物的时空特征，揭示北京城市结构的特征及时空发展规律，即是一种通过建筑物的城市功能属性，分析空间结构的新思路[97]。但并未能为每种类型的内涵和具体划分办法进行深入探讨。

基于活动空间和功能空间来划分城市生活空间类型，都指向同一个结论，即居民的日常行为活动受空间点（场所）类型的功能属性影响，具有一定指向性；并且通过居民的行为活动不断改造生活的空间，两者分别从居民生活的

需求和居民生活的供给角度来解读生活空间。诺伯格—舒尔茨认为，在城市的层面上，人与人工环境的相互作用决定了城市空间结构。人与空间的关系实际上是互为同意且共同存在的。当人们向空间注入精神内容时，空间就变成了场所。场所始终伴随着事件的发生，它将人们的活动方式和程序固定下来，控制人们的行为。可以说，场所与人们的活动息息相关，人们的活动给场所注入了精神内涵[98]。居民日常生活行为的完成对应于其不同的城市生活场所，其表现为以居住行为空间为核心，以购物、娱乐、闲暇等生活行为完成的空间为边界向居住社区及其城市的不同等级—类型的生活场所扩散[77]。

3. 研究评述

综观国内外学者对城市生活空间的分类研究可见，城市生活空间类型划分相对缺乏统一标准，各自根据研究内容自成体系。主要通过社会结构的多维分析（民族、身份等）、生活行为主体（人口规模、社会结构、就业结构、收入水平等）、日常生活空间环境（城市自然条件、城市生活资源、城市空间结构等）、日常生活内容解析（居住、就业、消费、休闲等）来对城市生活空间类型进行划分。具体来看，比较统一认为城市生活空间可分为居住空间、休闲空间、消费空间、工作空间四类，并对其进行不同区域、不同人群的研究，同时还探讨了生活空间重构、影响因素和规律性等方面。

## 第四节 城市生活空间类型划分及内涵

综合前人研究，城市生活空间可分为居住空间、工作空间、休闲空间、消费空间、公共服务空间和社会空间，前四种类型对其进行不同区域、不同人群的研究，同时还探讨了生活空间重构、影响因素和规律性等方面。公共服务空间中就学、就医[99]和公共服务设施的可达性及均等性[100]等研究亦有所涉及，但并未在生活空间分类中明确标识，而社会空间这一概念已有明确定义，并不适合在生活空间中再列为一类。另居民日常生活中的文化交流、宗教信仰活动却与休闲娱乐活动或公共服务混为一类，并不合理。在多元文化交融、宗教信仰自由背景下，文化产业通过微空间改造取得消费者认同，打造了一个富有想象力的文化新空间[101]；民俗节庆文化对居民地方依恋的影响[102]、民间祠神对地方认同的影响研究[103]，为认识居民和地方之间的关系提供了新视角；居民的文化交流、宗教信仰活动场所可归为文化空间。本书依据前人的研究基础，将城市生活空间类型确定为居住空间、工作空间、休闲空间、消费空间、公共服务空间和文化空间，并对其内涵进行解读。

居住空间，主要为市民提供休息、居住活动的承载空间，土地利用类型为住宅用地。其空间功能属性为提供市民居住的场所，空间点（场所）类型表现为居住区、小区、别墅等。

工作空间，主要为市民提供上班、就业（工作）等活动的承载空间（相对于其他空间类型，表现为少数人集中生产，并不对多数人交互作用），土地利用类型为工业用地。其空间功能属性为提供生产功能的场所，空间点（场所）类型表现为公司/企业所在地、工厂、商业大厦等生产部门集中地。

休闲空间，主要为市民提供娱乐、休闲活动的承载空间，土地利用类型为休憩用地及绿化地带。休闲无论就时间概念、活动概念或是心理态度层次上，其本质在于自由支配与自由选择，广义的休闲活动相当于游憩，狭义的休闲活动则包括日常休闲活动和一日旅游活动，我国又将其分类为消遣型和发展型，并建立了休闲活动的综合分类体系[35]，其空间功能属性为提供游憩功能的场所。本书关注的则是外出消遣型涵盖的休闲活动，包括在文化娱乐业的各类场所开展的休闲活动[97]和公园、广场等场所开展的游憩活动，空间点（场所）类型表现为市内旅游区、广场、博物馆、植物园、动物园、电影院歌剧院、歌舞厅、酒吧、咖啡吧、茶吧、网吧、休闲健身场所、公园游乐园、美容美发场馆等。

消费空间，主要为市民提供购物、消费等活动的承载空间，土地利用类型为商服用地等。购物活动是指商业活动中的需求方即消费者的行为类型，其空

间功能属性为提供消费功能的场所。居民购买由低级到高级的不同类型商品可分为蔬菜食品类、日常用品类、服装衣饰类、家用电器类等[104,105]，其空间点（场所）类型表现为蔬菜水果店、集市、小商店、便利店、购物中心、商场、商铺、建材市场、各类专营市场，以及各类餐厅等。

公共服务空间，主要为市民提供就医、出行以及各类办理公共事务活动的承载空间，土地利用类型为政府机关用地、医卫慈善用地及公共设施用地等。其空间功能属性为提供就医、出行、公共事务的场所。公共设施广义概念是指为市民提供公共服务产品的各种公共性、服务性设施，按照具体的项目特点可分为医疗卫生、交通、体育、社会福利与保障、行政管理与社区服务、邮政电信和商业金融服务等。空间点类型表现为医院、药店、各类政府所在地等[106,107]，但基于城市生活空间类型划分所需，仅将医疗卫生、社会福利与保障、行政管理与社区服务、邮政电信和商业金融服务等项目列为公共服务空间范畴，包括医院、药店、政府部门、邮局、通信营业厅和银行等。

文化空间，主要为市民提供学习培训、阅读、文化交流、民俗节庆消费、祭拜、礼拜和诵经等活动的承载空间，土地利用类型主要为文体娱乐用地、教育用地和宗教用地等。其空间功能属性为提供文化、信仰交流的场所。空间类型表现为学校、书店、书吧、艺术区、文化传媒场馆、创意产业园区、清真寺、教堂、寺庙等。

城市生活空间类型统计如表 2－2 所示。

**表 2－2　城市生活空间类型**

| 序号 | 城市生活空间类型 | 活动类型[93] | 功能属性 | 空间点（场所）类型 |
|---|---|---|---|---|
| 1 | 居住空间 | 睡眠、私事 | 居住功能 | 居住区、小区、别墅 |
| 2 | 工作空间 | 工作 | 工作功能 | 公司、企业、工厂，商业大厦 |
| 3 | 休闲空间 | 休闲 | 休闲游憩功能 | 电影院、歌剧院、酒吧、咖啡吧、茶吧、网吧、歌舞厅、休闲健身场所、美容美发场馆等，含市内旅游区、植物园、动物园、公园游乐园、广场 |

续表

| 序号 | 城市生活空间类型 | 活动类型[93] | 功能属性 | 空间点（场所）类型 |
|---|---|---|---|---|
| 4 | 消费空间 | 购物 | 消费功能 | 高级酒店、宾馆等，蔬菜水果店、集市、小商店、便利店、购物中心、商场、商铺、建材市场、各类专营市场，各类小吃店、特色美食，汽车维修、4S店等 |
| 5 | 公共服务空间 | 就医、出行、公共事务活动 | 公共服务功能 | 医院、药店、诊所、药房、医疗器械等，火车站、汽车站、加油站、金融服务、停车场、邮局、社区中心、利安社区超市等，政府部门，通信营业厅 |
| 6 | 文化空间 | 学习培训、阅读、宗教、祭拜 | 文化、信仰交流功能 | 学校、培训机构、书店、书吧、艺术区、文化传媒场馆、创意产业园区，文化古迹、清真寺、教堂、寺庙 |

注：活动类型即居民日常行为活动，功能属性即城市建筑空间点（场所）的主要功能。

# 第三章　乌鲁木齐城市生活空间现状

城市活动空间是人们自主的空间行为塑造而成，但其活动空间的选择也受多重因素的影响，居民往往倾向于选择更加便利的场所和空间来完成各项日常活动。城市活动空间组织既体现出个体活动充分的空间能动性，也体现出居民群体活动对土地使用类型及设施建设、投入程度的耦合性，即呈现“流动性”和“粘滞性”的双重属性[108]。生活空间既是地理空间，也是社会空间，居民的日常生活范围形成空间边界、日常生活方式塑造空间结构[109]。

居民的日常生活方式是在一定地域环境约束与居民行为选择相互作用的表征，居民生活在既定的地域环境条件和社会关系之中，社会关系决定居民的生活空间需求，地域环境条件决定区域环境的生活空间供给，两者均衡形成生活空间结构。该分析框架的逻辑主线是：城市居民生活以对土地的具体使用为承载空间，形成居民生活行为的物质空间；以人口属性、社会阶层和社会关系分异为表征，反映人在城市空间中的行为选择，形成社会空间。物质空间是可感知的实体空间，占据一定地域，服务于居民日常生活；社会空间则是居民社会关系的反映。物质空间和社会空间通过人的行为活动在空间上呈现叠加效应，以场所设施和居民行为活动为具体表征，两者作用形成城市生活空间。物质空间、社会空间和生活空间最终构成复杂的城市系统，城市物质空间—生活空间—社会空间关系分析框架如图 3 – 1 所示。

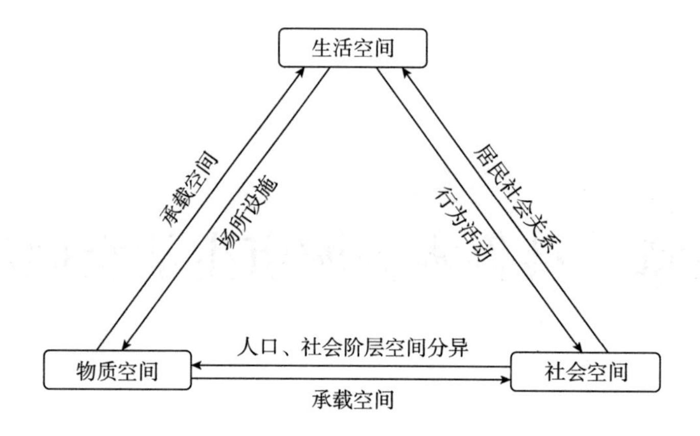


**图 3-1　城市物质空间—生活空间—社会空间关系分析框架**

# 第一节　物质空间基础分析

城市空间分析需要了解城市土地的变化状况，从而有助于对未来发展趋势做出判断，具体来说，对城市过去的用地规模、功能分析有助于了解城市空间结构的演变，并掌握各层次规划的实施效果。基于过去城市土地演变规律，对未来城市发展方向、速度和规模的预测有利于指导公共市政基础设施建设，加强城市规划导向作用，遏制城市无序蔓延。乌鲁木齐市建成区的增长十分迅速，城市建成区面积由 2000 年的 139. 55 平方千米，增长到 2015 年的 429. 96 平方千米，面积扩大了两倍。城市以“东延西进，南控北扩”形式从主城区向外扩展，这与乌鲁木齐市的冲积扇地形限制有极大关系，城市发展整体向北部方向扩展[110]。向东北方向将原乌鲁木齐东山区和米泉市合并改为米东区，向西北方向扩展则将头屯河区的大面积耕地进一步开发为工业园区等用地。并且以城市核心区为龙头，带动城市整体发展，其外围缺少组团发展区域。

## 一、遥感影像数据处理

首先运用 ENVI5.2 图像处理软件和 Google Earth 影像图等辅助软件，进行 ETM 数据预处理和解译，提取乌鲁木齐市中心城区的空间形态信息并分为五类（建设用地、绿地、耕地、水域、其他土地）。首先对 OLI_ TIRS 影像进行大气校正、辐射定标等预处理，选取多光谱 6（SWIR1）、5（NIR）、4（Red）波段进行假彩色合成。为更利于目标检测与识别图像分析，采用 GS 融合方法将全色 8（Pan）波段与多光谱数据进行融合[111]，得到 15 米分辨率栅格图像。然后，将两日影像数据拼接，确保涵盖乌鲁木齐市所属行政区划全部区域。最后，对预处理后的遥感数据影像按照中心城区范围进行裁剪，生成最终研究区影像。

采用 NDBI 指数法与半监督分类相结合的方法，根据遥感图像解译要求和实际分类标准，建立相应判读标志。由于机场与裸地、沟渠与铁路的地物光谱特征较为相近，城区公园景区属于建设用地，为进一步提高分类精度，以其矢量数据构建掩膜（Mask）文件，采用最大似然法执行分类，辅以目视解译对错判的地类进行修正，并进行聚类分析和合并子类等处理，得出乌鲁木齐中心城区的半监督分类图像。

## 二、城市土地利用类型

经半监督分类后的土地利用类型将市内各种建设用地类型归为一类，仍需进一步细化。利用 ArcGIS 操作平台对乌鲁木齐市中心城区建设用地进行细分，依托 ArcGIS Online 中的天地影像图、乌鲁木齐市行政区划图和百度地图等，依据 2007 年发布实施的《土地利用现状分类》，结合《乌鲁木齐市城市总体规划（2014—2020 年）》及研究需要，将乌鲁木齐中心城区土地利用类型分为居住用地、商服用地、机关团体用地、科教用地、医卫慈善用地、文体娱乐用地、公共设施用地、风景名胜设施用地、宗教用地、工业仓储用地、公园与绿地、交通用地、耕地、水域和其他土地 15 类。利用 ArcGIS10.2 中的图形编辑功能进行矢量化，并选取样地进行实地验证，确保精细度和准确范围，最终得出 2014 年乌鲁木齐中心城区土地利用现状图。

乌鲁木齐城市南部连接天山北坡，地势较高坡度较陡，因此大多为暂不能利用的沙地和裸地；城市北面为乌鲁木齐河冲积扇范围，地势延绵坡度适宜，是耕地主要分布区，其亦城亦乡、半城半乡的特征，形成一种既有别于中心城市又有别于传统乡村的地域类型——半城市化地区[112]。

### 三、景观紊乱度分析

城市发展强度和规模，可由城市建设用地占总面积的比例来体现，通过计算不同土地利用类型的景观紊乱度来具体表征。景观紊乱度 W，通过基于信息论和土地系统的信息熵模型，反映区域景观结构组成和空间配置特征[113]，其公式为：

$$W = -\sum_{i=1}^{n} X_i \times \ln X_i \qquad (3-1)$$

式中，$X_i$ 表示区域中某种用地类型的栅格面积占样本栅格面积总数的百分率，i 表示样本中的地类数。

将乌鲁木齐中心城区土地利用类型按照《土地利用现状分类》一级类型汇总为水域、未利用地、林地、草地、建设用地和耕地六大类，计算其景观紊乱度。将乌鲁木齐中心城区按照水域、未利用地、林地、草地、建设用地和耕地，分别计算景观紊乱度，结果显示：乌鲁木齐市景观紊乱度值差异较小，各地类的景观紊乱度值相对稳定，平均值为 0.214385，标准差为 0.163904，最小值为 0.047594，最大值为 0.367514，极差为 0.319560。林地、水域、未利用地的景观紊乱度值均较小（分别为 0.095382、0.047954 和 0.053264），其不同职能的地类数较少，土地分布较均衡，景观相对有序；耕地、建设用地、草地的景观紊乱度值均较大（分别为 0.367524、0.362273 和 0.359926），表明其不同职能的地类数较多，土地分布不均衡，内部差异性较大，由于人类活动较多且影响较深，景观相对无序。

# 第二节　社会空间分异及结构

## 一、城市社会空间分异

1. 人口属性的空间分异

（1）人口分布

呈现明显的中心性，以老城区为核心向外随距离增加而降低，大致沿河滩快速路走向分布。按照自然断裂法将人口密度划分为五个区间，分别是低值区（分值区间为0~1095）、较低值区（分值区间为1096~3287）、中等值区（分值区间为3288~8546）、较高值区（分值区间为8457~18373）和高值区（分值区间为18374~39622），单位均为人/平方千米。主要分布在解放南路、解放北路、友好南路、友好北路、南湖南路、北京路和南纬路等街道；中值区和较高值区有129个网格单元，近距离集中分布在高值区周边，以及米东区古牧地西路街道部分区域。较低值区和低值区有1427个网格单元，占据乌鲁木齐中心城区范围较广，大部分地区如乌昌路、王家沟、芦草沟乡等街道和乡镇因为以农业种植为主，人口分布相对较少（小于1095人/平方千米），空间差异巨大。

（2）性别分布

呈现人口密集区域多为女性聚集区的特性，城市边缘区则以男性居多。按照自然断裂法将性别比划分为五个区间，分别是低值区（分值区间为91.07~103.58）、较低值区（分值区间为103.59~113.45）、中等值区（分值区间为113.46~124.48）、较高值区（分值区间为124.49~144.35）和高值区（分值区间为144.36~250.75）。其中大部分区域为中、低和较低值区，合计有1319个网格单元，较高值区129个，高值区149个。由其分布特征可见，性别分布与职业构成联系紧密，城市中心区多以金融、商务等服务业为主，女性人口明显偏高；而铁厂沟镇、喀什东路、六道湾和北站东路等街道，则以工业、物流业等为主，男性数量居大多数，性别比达144.36～250.75。

（3）族别分布

乌鲁木齐市的主要少数民族是维吾尔族、回族和哈萨克族。总体来看，汉族和少数民族分布表现为相互融合的状态，多以“大杂居、小聚居”的混合居住社区为主。具体来看，各民族分布又有一定特殊性，汉族人口所占比重最高。按照自然断裂法将汉族人口数划分为五个区间，分别是低值区（分值区间为0～543）、较低值区（分值区间为544～1732）、中等值区（分值区间为1733～6371）、较高值区（分值区间为6372～14571）和高值区（分值区间为14572～30215）。中值区及以上共有277个网格单元，低和较低值区分布较广，有1320个。其分布与总人口分布态势一致，主要集中在老城区解放南路、解放北路等街道，并呈圈层式递减扩散。维吾尔族则因历史渊源，仍相对集中在城市南面老城区中的团结路、胜利路、延安路等街道，呈现以城南为核心，向北扩散的态势；将其按照自然断裂法划分为五个区间，分别是低值区（分值区间为0～366）、较低值区（分值区间为367～1138）、中等值区（分值区间为1139～2404）、较高值区（分值区间为2405～6402）和高值区（分值区间为6403～17617）。中值区及以上共有57个网格单元，低和较低值区分布较广，有1540个。回族人口在各个区域分布相对均匀，和其他民族的混居性较高，且呈现双核心结构分布：一是在城南老城区中和平路街道及附近区域；二是在城北古牧地西路街道及附近区域将其按照自然断裂法划分为五个区间，分别是低值区（分值区间为0～73）、较低值区（分值区间为74～282）、中值区（分值区间为283～768）、较高值区（分值区间为769～2116）和高值区（分值区间为2117～3854）。中值区及以上共有202个网格单元，低和较低值区分布较广，有1395个。哈萨克族除了主要集中在城南老城区之外，在乌鲁木齐县和米东南路街道附近也相对较多。将其按照自然断裂法划分为五个区间，分别是低值区（分值区间为0～11）、较低值区（分值区间为12～49）、中等值

区（分值区间为50～191）、较高值区（分值区间为192～540）和高值区（分值区间为541～961）。中值区及以上共有193个网格单元，低和较低值区分布较广，有1404个。

（4）年龄分布

乌鲁木齐属于年轻型社会，15～64岁人口占比远高于15岁以下及65岁及以上人口，占总人口的78.41%。分别将0～14岁人口、15～64岁人口、65岁及以上人口按照自然断裂法划分为五个区间：低、较低、中等、较高和高值区。三类人口的较高和高值区均分布在解放南路、解放北路、友好南路、友好北路、新民路和团结路等街道级周边区域。其中0～14岁人口有57个网格单元（分值区间为1875～5582人），15～64岁人口有75个网格单元（分值区间为9606～29796人），65岁及以上人口有76个网格单元（分值区间为828～5064人）。15岁以下人口与15～64岁人口分布有一定相似性，与青少年需要和成年监护人同住有关；15－64岁人口作为城市主要就业人口，多聚集在城市产业分布集中地；65岁及以上老龄人口除在城市中心密集分布外，扩散面较广，一定程度上说明老年人不介意在非城市中心区生活居住，居住地—就业地之间的距离因素对其影响减弱。

（5）家庭类型

家庭户在中心城区占绝大多数，占总户数的93.83%，可见乌鲁木齐市居民主要以家庭成员关系为主，居住一处共同生活。家庭户分布与总人口分布态势基本一致，以老城区为核心，向周边扩散。将其按照自然断裂法划分为五个区间，分别是低值区（分值区间为0～324）、较低值区（分值区间为325～1016）、中等值区（分值区间为1017～3022）、较高值区（分值区间为3023～6779）和高值区（分值区间为6780～14859）。中值区及以上共有215个网格单元，低和较低值区分布较广，有1382个。集体户是由业缘关系共同居住在机关、团体、学校、企业、事业单位内部或公共宿舍的人，将其按照自然断裂法划分为五个区间，分别是低值区（分值区间为0～52）、较低值区（分值区间为53～187）、中等值区（分值区间为188～379）、较高值区（分值区间为

380~729）和高值区（分值区间为730~1458）。中值区及以上共有96个网格单元，低和较低值区分布较广，有1501个。其分布与单位分布密切相关，主要集中在八一街道和高新技术开发区的部分街道等。

（6）婚姻特征

未婚人口占15岁以上人口的25.39%，有配偶人口占67.90%。将有配偶人口数按照自然断裂法划分为五个区间，分别是低值区（分值区间为0~37）、较低值区（分值区间为38~122）、中等值区（分值区间为123~438）、较高值区（分值区间为439~965）和高值区（分值区间为966~2290）。中值区及以上共有282个网格单元，低和较低值区分布较广，有1315个。有配偶人口分布与家庭户分布有一定对应性，呼应家庭户以“具有血缘婚姻或收养关系”立户的原则。

（7）住房面积

乌鲁木齐市居民的人均住房建筑面积水平并不高，大多低于40平方米，可见居住主要以中小户型为主。将人均住房建筑面积按照自然断裂法划分为五个区间，分别是低值区（分值区间为0~1.1153）、较低值区（分值区间为1.1154~3.4615）、中等值区（分值区间为3.4616~7.5970）、较高值区（分值区间为7.5971~13.4804）和高值区（分值区间为13.4805~31.5035），单位为人/平方米。中值区及以上共有119个网格单元，低和较低值区分布较广，有1478个。总体上，人均住房建筑面积和人均住房间数分布表现一致，较高区域主要在老城区的街道；具体来看，城北区人均住房面积和间数都略高于城南区，可见未来城市发展主要向北扩展。

2. 社会阶层的空间分异

（1）文化水平

6岁以上未上过学人口占比2.49%，中学和大专以上学历人口占比分别为51.94%和27.16%；其中15岁以上大专及以上学历人口占比29.71%。分别将未上过学人口、小学、中学和大专以上学历人口四类按照自然断裂法划分为五个区间，即低、较低、中等、较高和高值区。四类人口的较高和高值区均分

布在解放南路、解放北路、友好南路、友好北路、新民路和团结路等街道级周边区域。其中未上过学人口有 79 个网格单元（分值区间为 221 ~ 869 人）、小学人口有 49 个网格单元（分值区间为 2223 ~ 7125 人）、中学人口有 104 个网格单元（分值区间为 4030 ~ 20341 人）、大专及以上学历人口有 63 个网格单元（分值区间为 4005 ~ 12382 人）。学历人口分布明显具有城市中心指向性，学历越高其向心性越强，大专及以上学历人口密集集中于新疆高等院校和研究院所等地，例如北京路、友好路和幸福路等区域及附近；未上过学人口分布较为分散，在城市边缘区也零星分布；小学人口主要在老城区集中分布；中学人口分布范围则较分散。

（2）户籍特征

户籍人口占常住人口的 61.34%，主要集中在老城区、米东区的古牧地街道及附近和八钢工业区附近。将户籍人口按照自然断裂法划分为五个区间，分别是低值区（分值区间为 0 ~ 1243）、较低值区（分值区间为 1244 ~ 4546）、中等值区（分值区间为 4547 ~ 10019）、较高值区（分值区间为 10020 ~ 16996）和高值区（分值区间为 16997 ~ 33840）。中值区及以上共有 92 个网格单元，低和较低值区分布较广，有 1505 个。非农业人口占常住人口的 69.1%，与户籍人口分布相近，空间面积略大于户籍人口，形成一个核心带和两大组团的空间格局。将非农业人口按照自然断裂法划分为五个区间，分别是低值区（分值区间为 0 ~ 1012）、较低值区（分值区间为 1013 ~ 3912）、中等值区（分值区间为 3913 ~ 9224）、较高值区（分值区间为 9225 ~ 17385）和高值区（分值区间为 17385 ~ 34196）。中值区及以上共有 120 个网格单元，低和较低值区分布较广，有 1477 个。

（3）流动人口分布

流动人口分为户籍在疆内或疆外，迁移至乌鲁木齐的人口，以及户籍在乌鲁木齐但外出半年以上人口。疆内迁移人口占常住人口的 26.95%，疆外迁移人口占常住人口的 22.39%，两者合计达总人口的 49.34%，几近一半；外出半年以上人口占常住人口的 10.16%。可见乌鲁木齐市流入人口远高于流出人口，属于迁入式为主的人口结构。疆内和疆外户籍的迁移人口分布范围也不尽相同，疆内迁移人口主要集中于老城区并向城北米东区扩散，与外出半年以上人口的分布有一定互补对应性；疆外迁移人口则以北京路、高新街等街道及附近为核心，城北和城南均有扩散，同时头屯河街道的八钢工业区也是疆外迁移人口分布区域。

（4）行业就业

三次产业人口占比分别为3.76%、25.63%和70.6115%，第三产业就业人口比重居首。将第一产业就业人口比例按自然断裂法划分为五个等级，分别是低值区（分值区间为0.08～5）、较低值区（分值区间为5.01～12.96）、中等值区（分值区间为12.97～25.76）、较高值区（分值区间为25.77～49.8）、高值区（分值区间为49.81～88.07）。其中高值区有300个，较高值区203个，中等值区414个，较低和低值区共计680个。农林牧副渔等第一产业就业人口主要分布在中心城区的边缘区域，城市西侧除头屯河街道的八钢工业区外的大部分区域，少部分分布在东北角铁厂沟镇和城南红雁街道。将第二产业就业人口比例按自然断裂法划分为五个等级，分别是低值区（分值区间为1.12～12.99）、较低值区（分值区间为13～25.04）、中等值区（分值区间为25.05～37.38）、较高值区（分值区间为37.39～51.48）、高值区（分值区间为51.49～78.76）。其中高值区有200个，较高值区294个，中等值区536个，较低和低值区共计567个。以采矿业、电力、燃气及水为主的生产和供应业，以建筑业为主的第二产业就业人口分布相对均匀，呈现多核心的分布态势，经济技术开发区的乌昌路街道、八钢工业区，高新技术开发区的石油新村街道和米东区的化工工业园都是第二产业就业人员的核心分布区，并向周边扩散。将第三产业就业人口比例按自然断裂法划分为五个等级，分别是低值区（分值区间为7.4～29.67）、较低值区（分值区间为29.68～46.36）、中等值区（分值区间为46.37～60.8）、较高值区（分值区间为60.81～73.76）、高值区（分值区间为73.77～93.64）。其中高值区有241个，较高值区226个，中等值区309个，较低和低值区共计821个。第三产业就业人员分布呈现双核心多组团的分布态势，一个核心是火车西站及周边的区域，另一个核心为老城区及火车南站周边带状分布，其余则广泛分散在城市各地。就业人员的分布情况，基本反映了行业要求和特点。

## 二、城市社会区划分与社会结构模式

### 1. 城市社会区主因子提取

以网格单元为统计区，采用因子分析法，将人口普查数据根据人口学特征划分为一般指标（包括人口密度、非农业人口和性别比三个变量）、民族构成（包括汉族、维吾尔族、回族和哈萨克族人口比例四个变量）、年龄构成（包括0～14岁、15～64岁、65岁及以上人口比例三个变量）、文化水平（6岁以上小学学历、6岁以上中学学历、6岁以上大专及以上学历人口比例和15岁以上文盲人口比例四个变量）、家庭情况（包括家庭户户数、15岁以上有配偶人口比例和人均住房建筑面积三个变量）、流动性（户籍人口，疆内流动人口，疆外流动人口，外出半年以上人口，疆内、疆外经济型迁移人口，疆内、疆外家庭型迁移人口，疆内、疆外学习培训迁移人口比例十个变量）和行业就业构成（第一产业、第二产业和第三产业就业人员比例三个变量）七大类指标。用SPSS17.0旋转法，首先对原始数据矩阵提取出社会区主因子，然后用系统聚类法划分社会区具体类型，最后根据聚类结果构建乌鲁木齐中心城区社会空间结构模式。

数据矩阵进行标准化处理并进行相关性验证表明，变量间相关系数较大，巴特利球形检验统计量的Sig. 值为0，各变量之间存在显著相关性，可以进行因子分析。因子分析提取出特征值变化较大的7个主因子（见图3－2），累计方差贡献率达86.802%（见表3－1）。采用最大方差法进行因子旋转，经过17次迭代完成收敛过程，得到旋转后的因子载荷矩阵（见表3－2），因子结构比较清楚，结果较为理想。

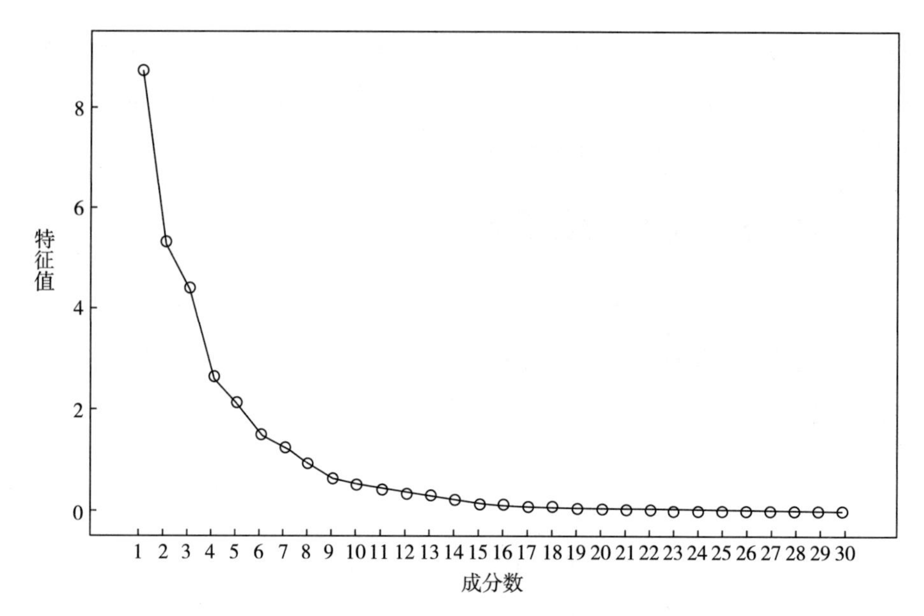


**图 3－2　主因子碎石图**

**表 3－1　社会区主因子特征值及方差贡献率**

| 主因子 | 未旋转载入 | | | 旋转平方和载入 | | |
|---|---|---|---|---|---|---|
| | 特征值 | 方差贡献率（%） | 累计方差贡献率（%） | 特征值 | 方差贡献率（%） | 累计方差贡献率（%） |
| 1 | 8.724 | 29.080 | 29.080 | 4.871 | 16.236 | 16.236 |
| 2 | 5.333 | 17.778 | 46.858 | 4.720 | 15.734 | 31.969 |
| 3 | 4.425 | 14.749 | 61.607 | 4.682 | 15.606 | 47.575 |
| 4 | 2.657 | 8.857 | 70.464 | 4.095 | 13.651 | 61.226 |
| 5 | 2.128 | 7.095 | 77.559 | 3.606 | 12.018 | 73.244 |
| 6 | 1.519 | 5.064 | 82.623 | 2.065 | 6.883 | 80.127 |
| 7 | 1.254 | 4.180 | 86.802 | 2.003 | 6.675 | 86.802 |

**表 3－2　社会区主因子载荷矩阵**

| 特征变量 | 变量名称 | 主因子载荷 | | | | | | |
|---|---|---|---|---|---|---|---|---|
| | | 1 | 2 | 3 | 4 | 5 | 6 | 7 |
| 一般指标 | 人口密度（人/平方千米） | －0.070 | 0.098 | 0.187 | 0.071 | 0.949 | －0.007 | 0.054 |
| | 非农业人口（人） | 0.559 | －0.218 | －0.326 | 0.341 | －0.105 | 0.179 | －0.367 |
| | 性别比（女＝100） | －0.195 | 0.014 | 0.818 | 0.137 | 0.165 | 0.020 | 0.190 |

续表

| 特征变量 | 变量名称 | 主因子载荷 | | | | | | |
|---|---|---|---|---|---|---|---|---|
| | | 1 | 2 | 3 | 4 | 5 | 6 | 7 |
| 民族构成 | 汉族人口比例（%） | 0.138 | -0.373 | 0.499 | 0.241 | 0.144 | -0.446 | 0.492 |
| | 维吾尔族人口比例（%） | -0.249 | 0.678 | -0.012 | 0.040 | 0.047 | 0.146 | -0.071 |
| | 回族人口比例（%） | 0.165 | -0.181 | -0.516 | -0.214 | -0.140 | 0.636 | 0.076 |
| | 哈萨克族人口比例（%） | -0.203 | 0.216 | -0.168 | -0.178 | -0.108 | -0.196 | -0.782 |
| 年龄构成 | 0~14岁人口比例（%） | 0.069 | 0.570 | -0.396 | -0.591 | -0.241 | 0.093 | -0.126 |
| | 15~64岁人口比例（%） | 0.351 | -0.261 | 0.093 | 0.738 | 0.259 | -0.253 | -0.159 |
| | 65岁及以上人口比例（%） | -0.544 | -0.396 | 0.390 | -0.195 | -0.025 | 0.208 | 0.368 |
| 文化水平 | 6岁以上小学学历人口比例（%） | 0.042 | 0.052 | -0.715 | -0.418 | -0.324 | 0.304 | -0.236 |
| | 6岁以上中学学历人口比例（%） | 0.271 | -0.352 | -0.029 | 0.027 | -0.306 | -0.655 | 0.124 |
| | 6岁以上大专及以上学历人口比例（%） | -0.225 | 0.169 | 0.673 | 0.382 | 0.468 | -0.135 | 0.071 |
| | 15岁以上文盲人口比例（%） | 0.346 | -0.264 | -0.266 | -0.184 | -0.249 | 0.683 | 0.236 |
| 家庭情况 | 家庭户户数（户） | -0.061 | 0.095 | 0.192 | 0.047 | 0.951 | -0.024 | 0.062 |
| | 15岁以上有配偶人口比例（%） | 0.145 | -0.114 | -0.311 | -0.776 | -0.136 | -0.028 | 0.164 |
| | 人均住房建筑面积（人/平方米） | -0.074 | 0.015 | 0.144 | 0.077 | 0.926 | -0.014 | 0.058 |
| 人口流动性 | 户籍人口比例（%） | -0.684 | -0.552 | -0.406 | -0.169 | -0.010 | 0.045 | 0.079 |
| | 疆内流动人口比例（%） | 0.005 | 0.871 | 0.233 | 0.374 | 0.094 | -0.051 | 0.000 |
| | 疆外流动人口比例（%） | 0.980 | -0.016 | -0.002 | -0.005 | -0.088 | -0.004 | 0.067 |
| | 外出半年以上人口比例（%） | -0.428 | -0.397 | -0.697 | -0.022 | -0.044 | 0.052 | 0.240 |
| | 疆内经济型迁移人口比例（%） | 0.316 | 0.826 | 0.174 | 0.116 | 0.137 | -0.184 | -0.068 |
| | 疆内家庭型迁移人口比例（%） | -0.017 | 0.903 | 0.187 | -0.181 | 0.048 | 0.021 | -0.012 |
| | 疆内学习培训迁移人口比例（%） | -0.191 | 0.161 | 0.138 | 0.882 | 0.041 | 0.001 | 0.061 |
| | 疆外经济型迁移人口比例（%） | 0.968 | -0.049 | 0.020 | 0.002 | -0.008 | -0.087 | 0.003 |
| | 疆外家庭型迁移人口比例（%） | 0.806 | 0.011 | -0.072 | -0.296 | -0.226 | 0.238 | 0.151 |
| | 疆外学习培训迁移人口比例（%） | 0.185 | 0.139 | 0.058 | 0.811 | -0.078 | -0.160 | 0.145 |

续表

| 特征变量 | 变量名称 | 主因子载荷 | | | | | | |
|---|---|---|---|---|---|---|---|---|
| | | 1 | 2 | 3 | 4 | 5 | 6 | 7 |
| 行业就业构成 | 第一产业就业人员比例（%） | -0.305 | -0.351 | -0.729 | -0.260 | -0.167 | 0.083 | 0.223 |
| | 第二产业就业人员比例（%） | 0.451 | -0.194 | 0.159 | 0.335 | -0.148 | 0.223 | -0.644 |
| | 第三产业就业人员比例（%） | 0.027 | 0.510 | 0.683 | 0.057 | 0.280 | -0.240 | 0.190 |

注：阴影标示为每项变量归属于某项主因子的选取依据，例如人口密度，在第五个主因子中的值为0.949，在7项主因子中最显著，则将人口密度这个变量视为第五类主因子范围。

2. 主因子及其空间特征

（1）疆外迁移人口

第一主因子的特征值为4.871，方差贡献率为16.236%，主要反映六个变量的信息。该主因子与疆外流动人口、疆外经济型迁移人口（包括商务和工作调动）和疆外家庭型迁移人口（包括随迁、投亲、搬家和婚嫁）高度正相关，与非农业人口相关性较强；同时与65岁及以上人口和户籍人口呈较强的负相关。将第一主因子得分按照自然断裂法可分为五个等级，分别是低分值区（分值区间为-2.176390～-1.211500）、较低分值区（分值区间为-1.211499～-0.508480）、中等分值区（分值区间为-0.508479～0.086440）、较高分值区（分值区间为0.086441～1.061040）和最高分值区（分值区间为1.061041～4.044830）。

该因子得分较高的区域主要是城市核心区外围，最高和较高分值区有259个网格单元，其分布区域主要在经济技术开发区的王家沟、火车北站，高新技术开发区的中亚北路、中亚南路和二工乡，水磨沟区的南湖南路、南湖北路和七道湾，米东区的铁厂沟镇等街道及附近区域。中等分值区有891个网格单元，其分布区域主要在米东区的石化、地磅街道、古牧地镇和古牧地西路、东路街道，经济技术开发区的乌昌路街道，沙依巴克区和天山区的大部分区域。较低和低分值区有447个网格单元，其分布区域主要集中在高新技术产业区的六十户乡、青格达湖乡和安宁渠镇，水磨沟区的榆树沟街道，乌鲁木齐县的萨尔达坂乡等区域。疆外迁移人口主要是65岁以下的中青年务工人员，迁移原

因多为经商或者投亲靠友。其聚集地也多在火车站等这类客货流集聚地，以及乌鲁木齐的工业园区。

（2）疆内少数民族迁移人口

第二主因子的特征值为4.720，方差贡献率为15.734%，主要反映四个变量的信息，均呈正相关。该主因子与疆内流动人口、疆内经济型迁移人口（包括商务和工作调动）和疆内家庭型迁移人口（包括随迁、投亲、搬家和婚嫁）高度正相关，与维吾尔族人口相关性较强。说明乌鲁木齐市疆内迁移人口多为从事个体经营的少数民族人口。将第二主因子得分按照自然断裂法可分为五个等级，分别是低分值区（分值区间为 -1.613360 ~ -0.869980）、较低分值区（分值区间为 -0.869979 ~ -0.255800）、中等分值区（分值区间为 -0.255799 ~0.388750）、较高分值区（分值区间为0.388751 ~1.287790）和最高分值区（分值区间为1.287791 ~3.712950）。

该因子得分较高的区域为城市南部，最高和较高分值区有403个网格单元，其分布区域主要在天山区的团结路、和平路、延安路和红雁街道等及附近区域，次级区域为火车北站、火车南站等地。中等分值区有471个网格单元，分布区域主要在经开区王家沟街道，高新区二工乡、三工乡、喀什东路和杭州路街道及附近区域，米东区古牧地镇、米东南路，水磨沟区八道湾、六道湾、水磨沟、榆树沟和石人沟街道等区域。较低和低分值区有724个网格单元，占据了大部分区域，主要分布在乌鲁木齐北部，经开区的乌昌路、头屯河街道，高新区的六十户乡、安宁渠镇、青格达湖乡和迎宾路街道，米东区的铁厂沟镇、芦草沟乡和地磅、石化街道。目前疆内迁移人口占乌鲁木齐市总流动人口的54.6%，且主要以少数民族人口为主，可见乌鲁木齐市作为新疆省会，对新疆其他区域而言，具有很强的经济向心力。乌鲁木齐的城市发展具有极其重要的意义。

（3）高学历第三产业人口

第三主因子的特征值为4.682，方差贡献率为15.606%，由主因子载荷可见包含七个变量信息。该主因子与性别比呈高度正相关，与汉族人口、大专及以上学历和第三产业就业人员有较强的相关性；与小学学历人口、外出半年以上人口和第一产业就业人员呈较强的负相关。这表明第三产业人员多是大专及以上学历的汉族人口，且男性比例要高于女性。将第三主因子得分按照自然断裂法可分为五个等级，分别是低分值区（分值区间为 -2.334820 ~ -1.275050）、较低分值区（分值区间为 -1.275049 ~ -0.255260）、中等分值区（分值区间为 -0.255259 ~ 0.374550）、较高分值区（分值区间为 0.374551 ~ 1.23490）和最高分值区（分值区间为 1.123491 ~ 2.094690）。

最高和较高分值区有 573 个网格单元，其分布区域主要为头屯河、火车西站、西山、迎宾路、苇湖梁、石化和卡子湾等街道及周边，集中在城市中段。同时，该区域也是乌鲁木齐市人口流动的主要范围，目前外出半年以上人口占户籍人口的 16.57%。中等分值区有 258 个网格单元，主要集中在经开区乌昌路街道偏北区域，高新区喀什东路街道，米东区古牧地西路和东路街道、芦草沟乡等区域，天山区延安路街道。较低和低分值区有 739 个网格单元，均为乌鲁木齐中心城区的外围边缘区。

（4）学习培训型迁移人口

第四主因子的特征值为 4.095，方差贡献率为 13.651%，由主因子载荷可见包含四个变量信息。该主因子与 15 ~ 64 岁人口、疆内学习培训迁移人口和疆外学习培训迁移人口呈高度正相关，与 0 ~ 14 岁人口呈较强的负相关性。将第四主因子得分按照自然断裂法可分为五个等级，分别是低分值区（分值区间为 -1.368740 ~ -0.432770）、较低分值区（分值区间为 -0.432769 ~ -0.016660）、中等分值区（分值区间为 -0.016661 ~ 1.033550）、较高分值区（分值区间为 1.033551 ~ 3.030590）和最高分值区（分值区间为 3.030591 ~ 5.630920）。

最高和较高分值区有 119 个网格单元，其分布区域主要在经开区乌昌路街道部分、喀什东路和燕儿窝街道大部分地区，并以此为核心向周边扩散，次级区域为卡子湾、嵩山街、胜利路和八一街道等地。学习培训型迁移人口占迁移人口的 15.82%，分布街道大多为高等学校所在地，如新疆大学、新疆农业大

学和新疆师范大学文光校区等地，分别位于燕儿窝和胜利路街道、八一街道和卡子湾街道等；还有经济技术开发区的部分区域，集聚多家科研机构和科研院所。中等分值区有 390 个网格单元，主要集中在经开区火车西站、迎宾路街道，高新区银川路、高新街和六十户乡，米东区铁厂沟镇等区域，水磨沟区榆树沟乡。较低和低分值区有 1088 个网格单元，为其他大部分区域，分布范围比较广。

（5）高收入型人口

第五主因子的特征值为 3.606，方差贡献率为 12.018%，由主因子载荷可见包含三个变量信息，均呈高度正相关。主因子与人口密度、家庭户户数和人均住房建筑面积具有很强的相关性。将第五主因子得分按照自然断裂法可分为五个等级，分别是低分值区（分值区间为 -0.950620 ~ -0.504330）、较低分值区（分值区间为 -0.504329 ~ -0.156210）、中等分值区（分值区间为 -0.156209 ~ 1.114170）、较高分值区（分值区间为 1.114171 ~ 3.519230）和最高分值区（分值区间为 3.519230 ~ 8.446340）。最高和较高分值区有 106 个网格单元，其分布区域主要在高新街、二工、友好北路、友好南路、南湖南路、新民路、解放北路、扬子江路、新华北路、解放南路和长江路街道，在城市中心以单核呈带状分布，次级区域则以同心圆状扩散。该核心区也是乌鲁木齐市金融业、商业发达区，也是房价较高区域。与人口密度、家庭户、人均住房面积高度正相关，说明该区域分布人口多为高收入人员，其住房面积较大，同时多以家庭为单位一起居住。中等分值区有 659 个网格单元，主要集中在高和较高分值区外围近距离区域，以及高新区、米东区大部分区域，这和产业园区的工业发展直接相关。其他均为较低或低分值区，有 842 个网格单元。

（6）少数民族低学历人口

第六主因子的特征值为 2.065，方差贡献率为 6.883%，主要反映三个变量的信息。主因子与回族人口和 15 岁以上文盲人口具有较强的相关性，与 6 岁以上中学学历人口具有负相关性。将第六主因子得分按照自然断裂法可分为五个等级，分别是低分值区（分值区间为 -2.892760 ~ -1.049400）、较低分值区（分值区间为 -1.049399 ~ -0.500790）、中等分值区（分值区间为 -0.500789 ~ 0.1489140）、较高分值区（分值区间为 0.148911 ~ 0.917140）和最高分值区（分值区间为 0.917141 ~ 2.281230）。最高和较高分值区有 722 个网格单元，其分布区域主要在米东区的古牧地镇、铁厂沟镇、芦草沟乡，经济技术开发区的乌昌路街道大部。米东区为原米泉市和乌鲁木齐市的东山区，于 2007 年合并而成，原米泉市是回族聚集区，主要以农业种植等产业为主。米东区成立后，设立化工工业园和甘泉堡经济技术开发区，第二产业和第三产业比例均得到巨大提升，但历史原因造成该区其他区域仍是少数民族低学历人口的聚集地，其发展仍需一个过程。中等分值区有 247 个网格单元，主要分布在米东区部分区域，天山区红雁街道，乌鲁木齐县萨尔达坂乡等地。较低和低分值区有 628 个网格单元，分布在中心城区及附近。

（7）农业人口

第七主因子的特征值为 2.003，方差贡献率为 6.675%，其主因子载荷包含两个变量信息，均呈负相关。该主因子与哈萨克族人口比例和第二产业就业人员比例具有较强的负相关性。同时可参考与非农业人口的载荷为 -0.367，影响力为第二，第一产业就业人员比例为 0.223，是与七个主因子正相关的最高值，因此可认为该主因子反映的即为农业人口特征。将第七主因子得分按照自然断裂法可分为五个等级，分别是低分值区（分值区间为 -3.584830 ~ -2.328750）、较低分值区（分值区间为 -2.328749 ~ -0.414090）、中等分值区（分值区间为 -0.414089 ~ 0.312310）、较高分值区（分值区间为 0.312311 ~ 0.885250）和高分值区（分值区间为 0.885251 ~ 1.577980）。最高和较高分值区有 712 个网格单元，其分布区域主要在青格达湖乡、五一农场等城市远郊区，次级区为六十户乡、三坪农场、头屯河农场和西山农场等地。中等分值区有 453 个网格单元，较低和低分值区有 432 个网格单元。说明中心城区仅有 2/3 的土地是建设用地，开发程度较高；仍有一部分是以农业种植为主。

3. 社会区类型及空间结构模式

以各个网格单元七个主因子得分为数据矩阵，运用聚类分析方法对乌鲁木齐中心城区社会区类型进行划分。采用系统聚类法，将最相似的对象聚集在一起。距离测度应用欧氏平方距离，并选取离差平方和法（Ward' s Method）计算类间距离，最终将乌鲁木齐中心城区的研究单元划分为七类社会区。计算各类社会区主因子得分的均值、标准差（统计分布程度），据此判断各类型社会区特征并命名（见表3-3）。

**表3-3　社会区类型特征判别表**

| 社会区类别 | 网格个数 | 计量项目 | 第一主因子 | 第二主因子 | 第三主因子 | 第四主因子 | 第五主因子 | 第六主因子 | 第七主因子 |
|---|---|---|---|---|---|---|---|---|---|
| 1 | 149 | 均值 | -0.2473 | 2.3611 | -0.5396 | -0.5270 | -0.3845 | 0.4975 | -0.6253 |
| | | 标准差 | 0.0832 | 0.3571 | 0.2565 | 0.2845 | 0.3169 | 0.2874 | 0.2019 |
| 2 | 523 | 均值 | -0.1527 | 0.1148 | 1.0141 | -0.1581 | -0.1705 | -0.5445 | 0.2994 |
| | | 标准差 | 0.6728 | 0.6322 | 0.5288 | 0.3474 | 0.6759 | 0.4982 | 0.5679 |
| 3 | 546 | 均值 | 0.8080 | -0.5550 | -0.2950 | -0.2066 | -0.1160 | 0.6751 | 0.1194 |
| | | 标准差 | 0.9561 | 0.4773 | 0.3881 | 0.4797 | 0.2969 | 1.0547 | 0.7706 |
| 4 | 93 | 均值 | -0.4045 | 0.1313 | 0.1554 | 3.3361 | -0.4229 | 0.4937 | 0.0072 |
| | | 标准差 | 0.5690 | 0.5363 | 0.9055 | 1.3450 | 0.3352 | 1.0108 | 0.4182 |
| 5 | 62 | 均值 | -0.4679 | 0.2153 | 0.4159 | 0.1550 | 4.2147 | 0.3499 | 0.0924 |
| | | 标准差 | 0.7928 | 0.9415 | 0.6843 | 0.6643 | 1.3831 | 0.8293 | 0.2907 |
| 6 | 73 | 均值 | -0.6302 | -0.6912 | -0.4450 | -0.5774 | -0.1532 | -1.2494 | 0.7326 |
| | | 标准差 | 0.0881 | 0.0517 | 0.1016 | 0.0170 | 0.0322 | 0.2070 | 0.4650 |
| 7 | 151 | 均值 | -1.4028 | -0.5557 | -1.9647 | -0.0242 | -0.0067 | -0.8898 | -3.3649 |
| | | 标准差 | 0.6272 | 0.6924 | 0.3099 | 0.6507 | 0.1468 | 0.1710 | 0.5674 |

（1）民族混居区

在第二主因子上的均值和标准差最为突出。表明该社会区特征是少数民族人口主要迁移区，与汉族人口高度混居。从空间分布上看，占据了149个网格单元，占中心城区的9.3%。该类型区主要分布在红雁街道大部、延安路和胜利路街道的部分区域。该区域为多民族居住，呈现“大杂居、小聚居”的混居模式，各民族比例为汉族占44.56%、维吾尔族占35.4%、回族占10.12%、哈萨克族占 8.07%，其他少数民族占 1.85%。

（2）高学历三产人员聚居区

在第三主因子上的均值和标准差最为突出。表明该社会区特征是以高学历第三产业就业人员为主的聚居区，且主因子一、四、五和六都是负值，说明少数民族人口较少，学历较高。从空间分布看，占据了 523 个网格单元，占中心城区的 32.75%。主要分布在头屯河、火车西站、迎宾路、西山、长江路、石化、西山、炉院街水磨沟等街道及附近区域。

（3）疆外流动人口聚居区

在第一主因子和第六主因子上的均值和标准差最为突出。表明该社会区特征是以疆外流动人口为主的聚居区，迁移原因大都为务工经商和家庭迁移。占据了 546 个网格单元，占中心城区的 34.19%。主要分布在城市核心区的外围，如城郊的农场、北站西路、北站东路、友谊路、中亚北路、嵩山街、二工乡街道和米东区大部等区域，从所从事的职业来看，以个体经营为主，学历水平不高。

（4）学习培训型人口聚居区

在第四主因子上的均值和标准差最为突出。表明该社会区特征是以学习培训型人口为主的聚居区。在空间分布上，占据了 93 个网格单元，占中心城区的 5.82%。呈多核心分布，主要在燕儿窝、乌昌路、喀什东路、米东南路和卡子湾街道及附近区域，是乌鲁木齐市主要高校和科研院所所在地。

（5）高收入人口聚集区

在第五主因子上的均值和标准差最为突出。表明该社会区特征是以高收入型人口为主的聚居区。在空间分布上，占据了 62 个网格单元，占中心城区的 3.88%。集中在城市核心区，是乌鲁木齐市最繁华、人口密度最高的区域，该区域也是乌鲁木齐市的商业核心区。

（6）低学历人口聚居区

在第六主因子上的均值和标准差最为突出。表明该社会区特征是以低学历人口为主的聚居区。占据了 73 个网格单元，占中心城区的 4.57%。主要分布

在城郊乌鲁木齐县的萨尔达板乡，乌鲁木齐县连接着天山支脉喀拉乌成山，主要以学历水平不高的农牧民人口为主。

（7）远郊农业人口聚居区

在第七主因子上的均值和标准差最为突出。表明该社会区特征是以农业人口为主的聚居区。占据了151个网格单元，占中心城区的9.46%。主要分布城市北面的远郊区，包括六十户乡、青格达湖乡、安宁渠镇和地窝堡乡及附近区域。

根据上述七种社会空间类型的分布与组合特征可见，乌鲁木齐市是一个典型的多民族聚居型城市，且处在快速城市化阶段，仍有部分区域为半城市化区。其社会区空间分布整体上呈现明显的“多核心+圈层”结构，内圈以高学历三产人员聚集区为主，被以农业人口、民族混居人口和疆外流动人口聚居区等为主的外圈层所包围，且这些人口聚居区呈扇形结构，在城市西北、东南和东北扇面分布；学习培训型人口聚居区则呈现多核心结构，在天山区、沙依巴克区和新市区分布；高收入人口聚集区位于市内商业核心区；低学历人口聚居区成核心结构，在乌鲁木齐县分布；远郊农业人口聚居区分布在城市北面的远郊区（见图3-3）。

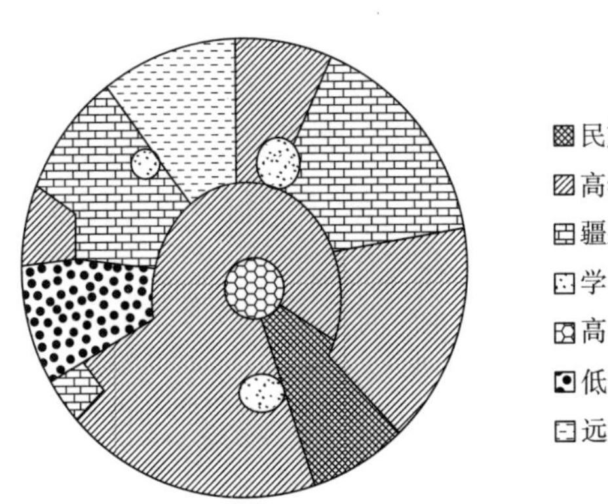


**图3-3　乌鲁木齐中心城区社会空间结构模式**

# 第三节　生活空间场所分布

## 一、数据来源及处理

大数据是信息时代的产物，它是数量巨大、结构复杂、类型众多的复杂数据集合，包括社交网络数据、网站信息数据、移动信息设备数据等，其特点是不断更新并可实时获取。大数据的挖掘及其应用已经成为人文地理与社会学研究的前沿内容。其中，城市设施兴趣点数据具有精度高、实时性强、数据量大、覆盖面广的特点，在人文地理学空间分析中广泛运用。POI 数据描述城市空间中各类场所设施，蕴含着丰富的人文经济及自然信息，是城市建设管理部门及普通民众关注的热点对象。城市设施的分布受城市环境及人类活动的影响，在局部地理空间下往往呈现聚集型分布特征。大数据的应用还主要集中在空间结构和边界识别方面。根据研究内容的区别，点分布模式的分析方法可以分为两类：①研究空间过程的一阶属性，即点分布格局的基本属性和过程预期值在空间中的变化特征，如样方分析、核密度估计等；②研究空间过程的二阶属性，即点在空间分布中的相互依赖特征，如最邻近分析、K 函数、Getis－Ord 以及局部 Moran's I 等[114,115]。其中，核密度分析易于实现及能较好地反映地理现象空间分布中的距离衰减效应，是最常用到的热点分析方法[116－119]。大数据已经渗透至国家、区域及城市经济社会与公共管理的各个领域，对城市居民活动、企业空间布局、公共服务供给及城市治理等领域开展深入研究提供了可靠基础。

在人类发展转型和人文主义兴盛的双重背景下，生活空间已经成为人文地理学透视人地关系变化的新视角，“形式—内涵—意义”相统一的空间观也已成为阐释人类活动与地理环境相互作用的新思维[109]。此前学者多以调研问

卷、GPS 记录数据等来进行小区域内生活空间类型及分布研究，侧重生活空间质量评价和社区体系等方面。通过对 POI 数据进行空间分析，以此反映各类场所设施的服务水平，从供给视角映射居民行为活动选择，是运用大数据研究生活空间的新思路。

本书通过建立城市设施兴趣点数据库，作为日常生活场所空间数据基础，以此建构生活空间。乌鲁木齐市 2014 年 POI 数据，共计 58141 条，其中中心城区 56969 条，占比 98%，数据包括经度、纬度、名称、地址、类型、行政区 6 个属性。对原始 POI 数据进行分类、查重，参考前文定义生活空间类型及土地利用类型，并遵循 POI 分类的普遍性、一致性原则[120]，将其分成 6 个大类、20 个子类（见表 3－4）。

**表 3－4　POI 数据分类**

| 生活空间类型 | 土地利用类型 | POI 大类 | POI 子类 | 场所类型 |
|---|---|---|---|---|
| 居住空间 | 居住用地 | 自然地理 | 住宅小区 | 居住区、小区、别墅 |
| 就业空间 | 工业仓储用地、耕地 | 企事业、耕地 | 公司企业、商业大厦、耕地 | 公司、企业、工厂，商业大厦，耕地 |
| 休闲空间 | 文体娱乐用地、公园与绿地、风景名胜设施用地 | 休闲娱乐 | 休闲娱乐、公园广场 | 电影院、歌剧院、酒吧、咖啡吧、茶吧、网吧、歌舞厅、休闲健身场所、美容美发场馆等，含市内旅游区、植物园、动物园、公园游乐园、广场 |
| 消费空间 | 商服用地 | 宾馆、购物、餐饮 | 宾馆酒店、零售行业、餐饮服务、汽车服务 | 高级酒店、宾馆等，蔬菜水果店、集市、小商店、便利店、购物中心、商场、商铺、建材市场等各类专营市场，各类小吃店、特色美食，汽车维修、4S 店等 |
| 公共服务空间 | 医卫慈善用地、机关团体用地 | 医疗卫生、党政机关、传媒与通信、财经、福利机构 | 医疗服务、交通枢纽、加油站、金融服务、停车场、综合信息、各级政府、电信服务 | 医院、药店、诊所、药房、医疗器械等，火车站，汽车站，加油站，金融服务，停车场，邮局、社区中心、利安社区超市等，政府部门，通信营业厅 |

续表

| 生活空间类型 | 土地利用类型 | POI 大类 | POI 子类 | 场所类型 |
|---|---|---|---|---|
| 文化空间 | 新闻出版用地、科教用地、风景名胜设施用地、宗教用地 | 教育培训、文化、风景名胜、宗教设施 | 科研教育、文化古迹 | 学校、培训机构、书店、书吧、艺术区、文化传媒场馆、创意产业园区，文化古迹、清真寺、教堂、寺庙 |

需要说明的是，实施 POI 抓取时，对半城市化地区的村镇居住点和耕地，因其在百度地图中并没有明确名称，所以无法识别抓取。但其作为乌鲁木齐中心城区的重要组成部分，数量众多，面积广茂，并不能忽略其空间功能和影响力。因此，基于前期土地利用类型现状，将居住用地通过 ArcGIS 平台中的要素转点工具，将面要素转化为点要素；耕地类型大都连续成片，作为输入要素剪裁为网格单元，再转化为点要素，一并计入 POI 子类型中统计。删除重复统计的点后，共计新增数据 1275 条（其中居住点 306 条，耕地 969 条）。基于耕地的生产性功能，可视为就业空间的 POI 子类型。

## 二、城市生活空间场所格局

利用 ArcGIS10. 1 为空间数据分析平台，采用矢量数据符号法对乌鲁木齐市各类生活空间场所进行空间分布特征总结，以分析其在各个街道的数量等级分布特征。地理信息的矢量数据符号法是指制图者根据地图数据的空间及属性特征、制图的目的和用途、制图的比例尺等各种因素，来确定地图要素的表示方法[121,122]。在城市空间结构背景下对乌鲁木齐市各类生活空间格局特征进行审视。

乌鲁木齐市中心城区各类生活空间场所按 77 个街道（镇、乡）可分为 5 个数量等级，整体空间特征为“南密北疏型扩散，东北部自成单核”，各类生活空间场所又有自己的独特性。以城市中心的二工、南纬路、高新街、银川路、北京路、红庙子、八一街道、友好北路、友好南路、南湖南路、新民路、扬子江路、新华北路、解放北路、解放南路、新华南路和和田街，以及东北部的古牧地西路为数量最多的区域，呈南北条带状分布及东北部独自成核分布，

其场所个数区间为 1204 ~ 2978。三工、杭州路、中亚南路、石油新村、西山、六道湾、长江路、幸福路和团结路为次级区域，基本包围在核心带状区周围，其场所个数区间为 776 ~ 1203。

结合空间面积，进一步统计场所的密度分布显示，与数量分布有一定差异，用自然断裂法分为三个区间显示。密度分布以新华北路—解放北路—解放南路组成的区域为核心聚集区，呈面状分布；以高新街—北京路—友好南路—友好北路—扬子江路—长江路—新华南路—和田街组成的区域呈带状分布特征，将核心区包围。可将密度划分为三个等级：①高强度密集区。将第一区间视为生活空间场所高强度密集区，以老城区南门金融商圈为中心，其生活空间场所密度达到每平方千米 1049 ~ 1921 个。②次级密度区。将第二区间视为次级强度密集区，以铁路局商圈、友好商圈、长江路商圈等次级商圈为核心，其生活空间场所密度为每平方千米 352 ~ 1048 个。③低密度区。其余大部分地区为低密度区，生活空间场所密度为每平方千米 1 ~ 351 个，远低于城市核心区的场所数量。

六类场所大都集中在城市中心区，且休闲、消费、文化教育和公共服务空间场所与居住空间场所分布有一定对应性，反映出休闲、消费、文化教育和公共服务均为居住区居民提供服务的特性，这体现了地理要素间的相互作用与距离有关；同时，物质空间与社会空间有一定对应性，高收入型人口也为居住、休闲、消费、文化教育和公共服务分布集中区。其他区域相对数量较少，但也保证了各个街道（镇、乡）均有分布。就业空间场所就相对其他场所而言，其分布较为均匀，在中心城区和城东、城南均有较高数量的分布。

## 三、城市生活空间各类型场所分布

利用核密度估计法，识别出各生活空间类型分布范围。核密度估计法通过对研究区域内某一事件点为圆心，其半径 r 范围之内事件数量除以该圆的面积，得出具体密度[123]。其计算公式为：

$$\lambda(j) = \sum_{i=1}^{i=n} \frac{1}{\pi r^2} K\left(\frac{d_{ij}}{r}\right) \tag{3-2}$$

式中：半径 r 为带宽，K（r）为核函数，可以理解为点 i 处的权重，通常为对称密度函数；距离中心点越近的点，被赋予较大的权重；$d_{ij}$ 为点 i 到点 j 的距离；n 为事件点的总数量。核密度估计中，带宽 r 通常是不固定的，带宽越大估计的密度函数就越平滑。实际应用中可以选择不同带宽进行比较分析[124]。

采用 ArcGIS10.2 对乌鲁木齐市中心城区空间进行基于居民生活空间类型的核密度分析。六类生活空间场所密度分布情况总体可以分为三种：①面状高密度分布，这种类型主要为居住空间和公共服务空间场所，其最大特点是数量多、分布广，在乌鲁木齐市中心城区以面状集聚。②带状次级密度分布，主要有消费、休闲和文化空间三类场所，这些场所在乌鲁木齐市总体空间上呈现城市主干道及次级道路沿线带状分布的特征。③点状低密度分布，主要是就业空间场所，在乌鲁木齐市中心城区总体空间上呈现小规模的离散散点分布特征。

整体来看，乌鲁木齐市各类生活空间分布呈团块状模式，离散程度较低。各类生活空间场所分布相似，基本集中于新市区、沙依巴克区、天山区和水磨沟区四区交界处的城市中心区域，其中居住生活空间的分布范围最广，延伸至乌鲁木齐市边缘区域，其次是文化空间、就业空间、公共服务空间、消费空间，最后是休闲空间。生活空间场所分布密度重合度高，但是数值差异大，密度值最高的是消费空间场所，热点区域达到每平方千米 1585 个，密度值最低的是居住空间场所，热点区域密度为每平方千米 66 个，两者之间密度值相差近 1500 个每平方千米。分布最相似的两类生活空间是文化空间和公共服务空间，主要成因为城市居民对于文化教育和公共服务相对距离要求较高，一般会就近选择，所以分布趋向于居民居住地，其次是消费空间、休闲空间，这两类空间在分布上相互依赖，形成原因是近年来大城市中心商场形成集消费、休闲与娱乐于一体的生活空间。生活空间分布面积最大的是居住空间，一个城市最主要的功能就是居住功能，所以分布面积相对而言较大；最小的是文化空间，在城市中心高度集聚。

# 本章小结

物质空间和社会空间通过人的行为活动在空间上呈现叠加效应，以场所设施和居民行为活动为具体表征，两者作用于城市生活空间，形成复杂的城市系统。

第一，乌鲁木齐物质空间分析表明：以乌鲁木齐中心城区土地利用现状分析为具体操作，解析承载空间背景。乌鲁木齐城市南部连接天山北坡，地势较高坡度较陡，因此大多为暂不能利用的沙地和裸地；城市北面为乌鲁木齐河冲积扇范围，地势延绵坡度适宜，是耕地主要分布区。林地、水域、未利用地的景观紊乱度值均较小，其不同职能的地类数较少，土地分布较均衡，景观相对有序；耕地、建设用地、草地的景观紊乱度值均较大，其不同职能的地类数较多，土地分布差异性较大，人类活动影响较深，景观相对无序。

第二，乌鲁木齐社会空间分析表明：以乌鲁木齐人口属性和社会阶层的空间分异为具体操作，划分社会区类型并提炼社会空间结构模式。乌鲁木齐人口属性和社会阶层的空间分异差异较大，采用因子分析法对人口普查数据分析后，可将乌鲁木齐中心城区分为民族混居区、高学历三产人员聚居区、疆外流动人口聚居区、学习培训型人口聚居区、高收入人口聚集区、低学历人口聚居区和远郊农业人口聚居区七个社会区，每个社会区在空间分布上又具有特殊性。乌鲁木齐市中心城区整体空间分布呈现明显的“多核心＋圈层”结构，内圈表现为多核心分布，被外圈农业人口及流动人口所包围。民族混居区呈扇形结构，分布在城市正南扇面；高学历三产人员聚居区呈扇形结构，分布在城市西南、东南扇面；疆外流动人口聚居区主要分布在城市西北、东北扇面；学习培训型人口聚居区呈现多核心结构，在天山区、沙依巴克区和新市区分布；高收入人口聚集区位于市内商业核心区；低学历人口聚居区成核心结构，在乌鲁木齐县分布；远郊农业人口聚居区分布在城市北面的远郊区。

第三，乌鲁木齐生活空间分析表明：以城市设施兴趣点作为日常生活场所空间数据基础，并增加半城市化地区的村镇居住点和耕地点，以数量等级和密度比例分析为具体操作，确定乌鲁木齐城市生活空间场所格局及各类型场所分布特征。乌鲁木齐中心城区各类生活空间场所按 77 个街道（镇、乡）可分为 5 个数量等级，整体空间格局特征为“南密北疏型扩散，东北部自成单核”，各类生活空间场所又有自己的独特性。密度分布以新华北路—解放北路—解放南路组成的区域为核心聚集区，呈面状分布；以高新街—北京路—友好南路—友好北路—扬子江路—长江路—新华南路—和田街组成的区域呈带状分布特征，将核心区包围。可将密度划分为三个等级：以老城区南门金融商圈为中心的高强度密集区，以铁路局商圈、友好商圈、长江路商圈等次级商圈为核心的次级密度区，其余大部分地区为低密度区。六类生活空间场所密度分布情况总体可以分为三种：居住空间和公共服务空间场所以面状高密度分布，其特点是数量多、分布广，在乌鲁木齐市中心城区以面状集聚；消费、休闲和文化空间三类场所以带状次级密度分布，总体上呈现城市主干道及次级道路沿线带状分布的特征；就业空间场所以点状低密度分布，呈现小规模的离散散点分布特征。

# 第四章　乌鲁木齐城市生活空间组织

许多社会学家将陌生性、人工性、个人主义和城市环境的多样性看作是影响城市中人的行为与社会组织的基本要素，这种决定论和环境论的观点对城市社会地理学的研究产生了深刻影响。居民日常生活方式是环境约束与行为选择相互作用的表征，环境条件决定居民的生活空间供给，行为选择决定生活空间需求。城市生活空间组织要素可以根据场所的功能属性来识别，生活空间单元是居民日常行为轨迹构建的空间模块，其以居住区为核心，辅以休闲、消费、公共设施及文化服务等场所分布于周围，以距离为衡量尺度，本质即为“居民通常的行为轨迹”。本章以1平方千米网格为空间单元，以功能属性为具体表征定义生活空间单元，进一步分析城市生活空间结构特征及模式。

## 第一节　城市生活空间组织要素

### 一、场所规模等级化处理

居民日常生活场所空间可由POI数据来体现，以目的为导向引导居民的日常生活行为。POI数据是统一抽象成无面积、无体积的点，但在实际生活中，实体面积对其功能性质有重要影响；另外规模等级也对功能性质有很大影响。因此需要根据面积和规模，对 POI 数据进行处理。利用 POI 子类各自不同的标准将其划分为若干等级（采取互联网搜索和实地考察相结合的方法），再将各个等级值线性变换到［0，1］内，就可以在相同的计量标准下反映各类型 POI 的个体特征差异，即其属性值。

相较于属性值所具有的地域特殊性，在与环境的交互过程中，对于现实世界的认识具有共性，赵卫锋等在武汉市通过问卷调查，选取 11 类 POI 测算公众认知度[125]。在本章分析中，诸如耕地区域基本没有其他 POI 子类型，餐饮服务、电信服务、停车场、加油加气站、金融服务、汽车服务和综合信息，因其面积、规模小，难以统计占地面积，主要由距离影响服务功能，同时公众认知度也不高，因此统计时可不考虑属性赋值，即在计算属性值时，其得分视为 1。结合研究需要，选取出 12 项 POI（共计 37024 条）进行分级属性赋值，这些 POI 数据在规模等级上存在较大差异。包括住宅小区、公司企业、商业大厦、休闲娱乐、公园广场、宾馆酒店、零售行业、医疗服务、交通枢纽、各级政府、科研教育、文化古迹。

1. POI 子类等级划分

具体操作可结合物质空间的土地使用面积、社会空间的社会属性数据等，对 POI 数据进行属性赋值。然后采用均匀划分的网格作为基础地理单元来进行空间分析计算，以此来确定生活空间类型及单元。不同 POI 子类依据行业准则或者规模大小来进行分级并赋分（见表 4－1），确定这 12 类 POI 的等级值后，结合其他 8 类 POI（等级值视为 1），对 20 个 POI 子类进行归一化处理确定属性值，从而消除属性值的量纲，以统一的方式实现定量和定性数据的混合应用。

**表 4－1　12 类 POI 的等级值**

| POI 类型 | 等级条件及赋分 |
| --- | --- |
| 住宅小区 | 面积 >1.812，或人口 >18374（3）；0.507 < 面积 <1.812，或 7560 < 人口 <18374（2）；面积 <0.507，或人口 <7560（1） |

续表

| POI 类型 | 等级条件及赋分 |
| --- | --- |
| 公司企业 | 上市公司、大型国企或事业单位（3）；大、中型企业（2）；小型企业（1） |
| 商业大厦 | 距离商业中心点 0 ~3 千米（3）；3 ~6 千米（2）；6 千米以上（1） |
| 休闲娱乐 | 五星级/准五星级（4）；四星级/准四星级（3）；三星级/二星级（2）；无星级（1） |
| 公园广场 | 面积 >30 公顷（4）；10 公顷 > 面积 >30 公顷（3）；3 公顷 > 面积 >9.9 公顷（2）；面积 < 2.99 公顷（1） |
| 宾馆酒店 | 五星/豪华（5）；四星/高档（4）；三星（3）；二星（2）；一星及无星（1） |
| 零售行业 | 百货商场、主题商场和大型超市（3）；连锁超市（2）；小型零售商店（1） |
| 医疗服务 | 三级医院（5）；二级医院（4）一级医院（3）；普通诊所（2）；门诊药房（1） |
| 交通枢纽 | 线路面向疆内外（3）；线路面向疆内（2）；线路面向市内及周边（1） |
| 各级政府 | 自治区级（4）；市级政府部门（3）；厅局级政府部门（2）；县级政府部门（1） |
| 科研教育 | 大学（5）；高职大专（4）；中学（3）；小学（2）；幼儿园（1） |
| 文化古迹 | 4A，面积 >4（4）；3A，或 1.8 < 面积 <4（3）；2A，或 0.57 < 面积 <1.8（2）；无等级，或面积 <0.57（1） |

注：括号内为赋分值；除公园广场外其他面积单位为平方千米，人口单位为人。

具体来看，住宅小区叠加前文土地利用现状及遥感影像数据，大致确定各类 POI 的占地面积及人口数量，采用自然断裂法分别进行分级赋分，然后取较大值或同一值为最终等级。公司企业按照企业规模（参照《乌鲁木齐市企业名录》）分为三个等级，上市公司、大型国企或事业单位赋值 3 分，大、中型企业 2 分，小型企业 1 分。商业大厦按与商业中心点距离来划分等级，0 ~3 千米赋值 3 分，3 ~6 千米以内赋值 2 分，6 千米以上赋值 1 分。休闲娱乐分为五个等级，参照大众点评网站对商户星级评价（评价内容包括服务评分、环境评分、口味评分、点评数量），五星级/准五星级赋值 5 分，四星级/准四星级 4 分，三星级 3 分，二星级 2 分，无星级 1 分。公园广场按照占地面积分为四个等级面积 >30 公顷赋值 4 分，10 ~30 公顷 3 分，3 ~9.9 公顷之间 2 分，面积小于 2.99 公顷为 1 分。宾馆酒店参考携程网及艺龙旅行网显示星级标准分为五个等级，五星/豪华型酒店赋值 5 分，四星/高档型 4 分，三星/舒适型 3 分；二星/家庭型/快捷 2 分，一星及无星为 1 分。零售行业按照店铺规模分为三个等级，百货商场、主题商场和大型超市赋值 3 分，连锁超市 2 分，小型零售商店1分。医疗服务利用行业内标准分为五个等级（具体等级参照乌鲁木齐市医院大全 http：//yyk. 99. com. cn/wulumuqi/及部分医院介绍），三级医院赋值5分，二级医院4分，一级医院（包括社区医疗服务中心）3分，普通诊所（包括社区卫生站）2分，门诊和药房1分。交通枢纽按照线路规模分为三个等级，线路面向疆内外赋值3分，线路面向疆内赋值2分；线路面向市内及周边赋值1分。各级政府按照政府级别分为四个等级，自治区级部门为4分，市级政府部门为3分，厅局级政府部门为2分，县级政府部门为1分。科研教育按照学校等级来划分为五个等级，大学为5分，高职大专为4分，中学为3分，小学为2分，幼儿园为1分。文化古迹按照国家A级标准或占地面积分为四个等级，4A级或面积 $>4$ 平方千米，赋值4分；3A级或 $1.8$ 平方千米 $<$ 面积 $<4$ 平方千米为3分；2A级或 $0.57$ 平方千米 $<$ 面积 $<1.8$ 平方千米为2分；无等级或面积 $<0.57$ 平方千米为1分。

2. 特征属性规格化

采用最大最小值法，将20个POI子类的特征属性归一化到［0，1］内，其公式为：

$$Y(k) = A\frac{x(k)}{\bar{x}} \quad k = 1,2,\cdots,n \quad \bar{x} = \frac{1}{n}\sum_{i=1}^{n} x(i) \tag{4-1}$$

式中，$Y(k)$ 表示归一化后的属性值，$x(k)$ 表示原始分值，$\bar{x}$ 表示样本数据 $x(k)$ 的均值。最终得出每一个POI子类的属性值，将各POI子类的个体特征差异统一地反映在相同的计量标准下。该属性值使得POI子类除了涵盖经度、纬度、名称、地址、类型、行政区6个属性之外，还结合了POI子类特征属性。进一步丰富了数据库，对生活空间功能区识别更为准确且科学客观。

3. 确定权重分值并计算规模等级数量

采取专家评分法，通过专家给各类生活空间类型及POI子类规模等级对日常生活的重要性进行权重赋值，然后归一化处理。对采用若干组具有代表性的权重系数得到的计算结果进行合理性分析和比较，最后得出不同类型POI权重分值（见表4－2）。

表 4-2 各类 POI 的权重分值

| 生活空间类型 | 打分 | POI 子类 | 权重 | 归一权重 $W_i$ |
| --- | --- | --- | --- | --- |
| 居住空间 | 0.1 | 住宅小区 | 1 | 0.1 |
| 就业空间 | 0.15 | 公司企业 | 0.4 | 0.06 |
| | | 商业大厦 | 0.4 | 0.06 |
| | | 耕地 | 0.2 | 0.03 |
| 休闲空间 | 0.15 | 休闲娱乐 | 0.4 | 0.06 |
| | | 公园广场 | 0.6 | 0.09 |
| 消费空间 | 0.15 | 宾馆酒店 | 0.1 | 0.015 |
| | | 零售行业 | 0.4 | 0.06 |
| | | 餐饮服务 | 0.4 | 0.06 |
| | | 汽车服务 | 0.1 | 0.015 |
| 公共服务空间 | 0.35 | 医疗服务 | 0.3 | 0.105 |
| | | 交通枢纽 | 0.1 | 0.035 |
| | | 加油站 | 0.1 | 0.035 |
| | | 金融服务 | 0.1 | 0.035 |
| | | 停车场 | 0.1 | 0.035 |
| | | 综合信息 | 0.1 | 0.035 |
| | | 各级政府 | 0.1 | 0.035 |
| | | 电信服务 | 0.1 | 0.035 |
| 文化空间 | 0.1 | 科研教育 | 0.8 | 0.08 |
| | | 文化古迹 | 0.2 | 0.02 |

综上，本章提出 POI 规模等级数量模型为：

$$P_{ij} = Ch_{ij} \times W_i \times 1000 \quad (i=1,\ 2,\ \cdots,\ 20;\ j=1,\ 2,\ \cdots,\ n) \tag{4-2}$$

式中，$P_{ij}$为第 i 种类型、第 j 个 POI 的规模等级数量，$Ch_{ij}$为第 i 种类型，第 j 个 POI 属性值，$W_i$ 为第 i 种类型 POI 的权重分值。每个 POI 均通过考量特征属性和影响权重进行重新定义。例如，某居住小区，原 POI 只有 1 个点，其等级为 3 级，权重值为 0.1，统计计算其规模等级，现在对应的 POI 为 7 个点。

第 i 种类型的 POI 规模等级总数量模型为：

$$P_i = \sum_{i=1}^{n} P_{ij} \quad (i=1,\ 2,\ \cdots,\ 20;\ j=1,\ 2,\ \cdots,\ n) \tag{4-3}$$

将第 i 种类型 POI 的规模等级数量相加，即得出第 i 种类型 POI 的规模等级总数量 $P_i$。根据上述数据处理过程，最终生成研究用的生活空间场所数据库，数据信息增加规模等级数量属性。

## 二、城市生活空间单元特征

根据乌鲁木齐市中心城区 POI 规模等级数据库，将 POI 数据按 1 平方千米的网格单元来统计，将每个网格单元视为一个生活空间单元，对乌鲁木齐市中心城区的生活空间场所进一步细化。1597 个网格单元中有 POI 数据的为 1310 个，个数为 0 的有 287 个，基本是尚未开发的土地或裸露的沙地，少量为水体；POI 数量为 1 的占总网格的近一半，比例为 48.5%；POI 数量为 10 及以内的网格单元占了多数，比例为 78.7%；POI 数量最多的为 1 个网格单元内分布 2856 个。在考虑 POI 数据的规模等级数量后，可以全面体现生活空间场所对居民日常生活的影响。

对乌鲁木齐中心城区生活空间场所规模等级数量进行密度分析可见，用自然断裂法将规模等级值分为三个等级，分别为低值区（分值区间为 0 ~ 955），中值区（分值区间为 956 ~ 8005），高值区（分值区间为 8006 ~ 33900）。呈现相对集中的态势，即城市核心区场所数量多、规模等级也高，说明提供日常生活所需各项服务能力强，可服务居民数量多；城市其他地区能保证基本覆盖，但规模等级较低，相对提供日常生活所需各项服务的能力较弱，可服务的居民数量少，这势必对居民日常生活行为活动产生极大影响。乌鲁木齐生活空间场所的规模等级分布与人口属性分异中人口分布、汉族人口分布、家庭类型、住房面积状况呈高度正相关；与社会属性分异中大专及以上学历人口、非农业人口和第三产业就业人口状况呈高度正相关。人口数量最大的解放南路、解放北路、友好南路、友好北路、南湖南路、北京路和南纬路等街道（为每平方米 18374 ~ 39622 人），为汉族人口聚集区，家庭类型多以家庭户为主，人均住房面积和间数都相对较高；也是高学历人口、非农业人口和第三产业就业人口聚集区；其相应的也是场所规模等级最高、数量最多的区域。与社会区叠加可见，生活空间场所密度最高区域与高收入人口聚集区呈现空间一致性，集中在城市核心区。这说明城市生活空间与社会空间分异具有对应性，空间场所对居民行为活动具有指向性，城市生活空间是物质空间和社会空间通过居民活动作用而形成的，可以空间场所的功能来具体表征。

## 三、城市功能区要素识别

### 1. 功能区识别

以网格空间单元的功能性质来表征乌鲁木齐市中心城区居民生活空间结构，功能区单元因其功能属性，对居民行为活动具有吸引作用，即可视为日常生活空间的组织要素单元。通过对其进行功能区划分[126]，可确定生活空间单元类型。依据乌鲁木齐市中心城区 POI 规模等级数据库，将 POI 数据按每个网格单元来统计，对每个网格单元，构建指标频数密度和类型比例来识别功能性质[119]，将生活空间功能进一步细化至 1 平方千米的空间单元。计算公式为：

$$F_k = \frac{n_k}{N_k} \quad (k=1, 2, \cdots, 6) \tag{4-4}$$

$$C_k = \frac{F_k}{\sum_{k=1}^{6} F_k} \times 100\%, \quad k=1, 2, \cdots, 6 \tag{4-5}$$

式中，k 表示六种生活空间类型（由第 i 种、第 j 个的 POI 子类型组成，具体划分见表 3－4），$n_k$ 表示网格单元内第 k 种生活空间类型中所有 POI 子类型和等级的数量，$N_k$ 表示网格单元内第 k 种生活空间类型的总数，$F_k$ 表示网格单元内第 k 种类型 POI 占该类型 POI 总数的频数密度；$C_k$ 表示第 k 种类型 POI 占网格单元内所有类型 POI 的比例。

以单元内某种类型的 POI 比例值是否达 50% 为界，识别其功能类型。当某类型 POI 比例达 50% 及以上时，即为单一功能区；当单元内所有类型的 POI 比例均没有达到 50% 时，即为混合功能区；当单元内不包含 POI 时，即类型值为空，称为无数据区。

乌鲁木齐市中心城区三种功能单元，大致呈现圈层式分布。对三种功能区单元进行数量统计，单一功能区为最多 1085 个，占所有空间单元的 67.9%；其次是无数据区 287 个，占 18%；混合功能区为最少 225 个，占 14.1%。单一功能区主要分布在城市核心区外围，西北部、东北部呈大面积连片分布；无数据区集中在城市东南部外围，主要为未利用地和水体；混合功能区分布在城市中心的南北狭长地带，是城市核心区，分布多类生活空间场所，其城市功能也极为复杂，需对其进一步分析。结合土地利用类型来看，三种功能单元与土地利用类型有一定对应性。城市西北部是面积广袤的耕地，城市东北部则是工业仓储用地，是工业园区主要集中地，因此大多是单一功能区分布范围。城市东南部外围边缘地带土地类型为其他土地，主要是空闲地、沙地和裸地等未利用地，因此主要是无数据区的分布范围。本章对乌鲁木齐市统计的是中心城区，大部分无数据区被提前剔除，因此仅将单一功能和混合功能区合并后与武汉市比较，乌鲁木齐市中心城区两种类型功能区数量均低于武汉市，武汉两者总数为 1721 个单元[119]，乌鲁木齐中心城区为 1310 个单元。这与城市发展水平直接相关，功能区数量越多，在一定程度上说明城市发展水平越高，人口越集聚。混合功能区大多呈现在城市中心区域分布，城市核心区是土地利用类型最为多样的区域，因此功能也相对多样，是混合功能区的集中范围。对混合功能区进一步识别如表 4－3 所示。

**表 4－3　混合功能区具体类型**

| 功能区 | 类型 | 数量（个） | 复杂功能类型及数量（个） |
|---|---|---|---|
| 混合功能区 | 以消费为首要功能 | 115 | 消费—公共服务—休闲（8）、消费—就业—公共服务（25）、消费—就业—文化（1）、消费—就业—休闲（2）、消费—居住—公共服务（45）、消费—居住—就业（12）、消费—居住—休闲（4）、消费—文化—公共服务（13）和消费—文化—居住（5） |
| | 以公共服务为首要功能 | 31 | 公共服务—就业—居住（2）、公共服务—就业—文化（5）、公共服务—居住—文化（3）、公共服务—居住—消费（9）、公共服务—文化—消费（5）、公共服务—消费—就业（3）、公共服务—消费—休闲（2）、公共服务—休闲—就业（1）和公共服务—休闲—居住（1） |

续表

| 功能区 | 类型 | 数量（个） | 复杂功能类型及数量（个） |
|---|---|---|---|
| 混合功能区 | 以居住为首要功能 | 27 | 居住—公共服务—就业（2）、居住—就业—文化（1）、居住—就业—消费（7）、居住—文化—公共服务（1）、居住—文化—消费（3）、居住—消费—公共服务（9）、居住—消费—文化（1）、居住—休闲—文化（2）和居住—休闲—消费（1） |
| | 以就业为首要功能 | 25 | 就业—居住—公共服务（4）、就业—消费—公共服务（9）、就业—居住—文化（3）、就业—消费—居住（7）、就业—消费—文化（1）和就业—休闲—文化（1） |
| | 以文化为首要功能 | 22 | 文化—就业—消费（6）、文化—居住—公共服务（3）、文化—居住—就业（1）、文化—居住—休闲（1）、文化—消费—公共服务（5）、文化—消费—居住（3）、文化—休闲—公共服务（2）和文化—休闲—就业（1） |
| | 以休闲为首要功能 | 5 | 休闲—居住—就业（2）、休闲—居住—消费（2）和休闲—文化—消费（1） |

混合功能区的功能识别取决于单元内三种最主要的POI类型，主要在人口密集区，并且功能类型多样，相对生活便利程度最高；但同时也存在消费水平高、住宅价格高、拥挤程度高等问题。对混合功能区进行细分，将六种单一功能，取比例占前三的视为该混合功能区的主要功能属性，例如，某一混合功能区单元，其中居住空间、消费空间和公共服务空间功能占比为前三，则可简称为“居住—消费—公共服务功能类型”。将混合功能区重新定义后，其复杂功能可分为6种首要功能为主的类型，具体组合达46种之多。

2. *组织要素确定*

社会空间分异导致各种不同的生活方式、价值观和理念，从而影响了居民的日常生活行为，生活空间借由功能区单元识别与社会空间分异及结构有极强的对应性。将单一功能区按照50%以上比例的POI类型定义生活空间类型，混合功能区为功能多样性较强的生活空间单元。最终，可将城市功能区要素识别为居住功能区、就业功能区、休闲功能区、消费功能区、公共服务功能区、文化功能区和混合功能区。

单一功能区中就业功能区最多为 759 个单元，占全部单一功能区的 69. 95%，呈连片分布在城市西北部大片的耕地和东北部工业园区均为面积广阔的区域，与行业就业人口空间分异呈现一致性。主要分布在经济技术开发区、高新区和米东区大部分区域，就业功能较为单一且凸显。其次是居住功能区为 164 个单元，主要呈面状和点状分布，在混合功能区周边以面状连片分布为主，而城市外围边缘区则呈点状零散分布，与人口分布呈现一致性，以老城区为核心向城市外缘扩展。公共服务功能区数量为 55 个，呈点状分布在城市中，基本涵盖了城市各个区域（未利用区除外）。消费功能区为 43 个单元，集中呈点状分布在城市核心区周边。休闲功能区为 35 个单元，点状分布在城市外围边缘区，在城市中心也有较少分布，以公园绿地为主。文化功能区单元数量最少，仅有 29 个，其分布与居民的文化水平空间分异有一定相关性，学历人口呈现学历越高城市中心指向性越强，文化功能区单元除在城市中心区有连片分布外，城市外缘都以点状零星分布。混合功能区则涵盖了多种职能，集聚连片分布在城市最核心的老城区，即天山区、沙依巴克区、水磨沟区、高新区和经济技术开发区的交界处，解放北路、解放南路、友好北路、友好南路和团结路、延安路街道一线，并向东西两翼展开至火车北站西路街道，卡子湾、米东南路街道。

## 第二节　城市生活空间结构

### 一、生活空间结构总体特征

区域空间结构将空间中的资源和要素，按照地域分异规律组织连接起来，并通过影响人的行为活动从而产生各种效应。关于日常生活空间结构分析，核密度估计是常用的分析方法[127~129]。以城市生活空间功能要素视为生活空间具

体类型的表征，在网格单元中将其视为某种生活空间单元。对六类生活空间单元的规模等级数量进行核密度分析，解析生活空间类型密度与规模的空间分异特征，其中密度表现空间位置与关系，规模反映连片特征与强度。可将乌鲁木齐中心城区生活空间分为三种类型区：小规模低密度区、中规模中密度区和大规模高密度区。

乌鲁木齐中心城区生活空间结构总体呈现点、线、面一体化的结构特征，大规模高密度区以条带状及点状结构分布，小规模低密度区以面状结构连片分布。条带状高密度区主要集聚在新市区、水磨沟区、天山区和沙依巴克区交汇处，以外环路以内为中心，沿河滩快速路呈南北走向在空间上连续分布；点状高密度区主要集聚在以米东区古牧地中路与古河路交叉口，单独成核，尚未与城市中心的条带状高密度区连接。中规模中密度区分布较少，基本包裹在大规模高密度区外围，并呈零星点状呈东西走向连接米东区高密度区和头屯河区。小规模低密度区是乌鲁木齐中心城区生活空间结构的主要组成部分，呈现较密集的连续分布。

## 二、生活空间结构分类特征

按网格单元分别汇总六类生活空间，混合功能区中存在部分重复统计，统计后居住空间单元为298个，就业空间单元为855个，休闲空间单元为66个，消费空间单元为232个，公共服务空间单元为212个，文化空间单元为96个。采用核密度估计法揭示生活空间单元分布的规律性特征，判别其规模等级数量，进一步分析六类生活空间的结构特征。

居住空间多中心特征明显，形成多个主次核心区。整体以西北、东南方向为发展趋势，规模高值分布呈现“一圈两翼”特征，“一圈”呈类椭圆形（中部以其他类型填充）分布于城市核心区，自新市区西八家户路二毛小区附近，集中于水磨沟区、天山区和沙依巴克区和头屯河区四区交界处沿阿巴线、北京路方向分布；“两翼”是城市西北部头屯河区的火车北站区域和东北部米东区的石化街道，形成线状聚集分布特征；低值区则零星分布在城市各个区域。

就业空间呈“点—线—面”一体化特征，辐射范围较广。规模高低值呈“E 字形”线状分布，主线为南北延伸，以天山区新华路与中山路交叉口为中心，东至红旗路、南至人民路、西至阿巴线、北至民主路；次线以高新区火炬广场为中心，东至鲤鱼山公园、南至贵州路、西至北京南路、北至外环路高架。低值区则呈现大面积分布在城市东北部及西部。

休闲空间点状主次核心区分布明显，呈低密度分散分布特征。规模高值区形成多个主核心区，以及多个单极次级核心区，主核心区以乌鲁木齐文化中心、红山公园、人民公园、水磨沟公园、红光山等几个占地面积广阔、规模等级高的休闲场所为主，并未形成集聚态势。休闲空间整体呈现低密度点状分散分布特征。

消费空间呈高值集聚分布，主次核心特征明显。消费空间在各类生活空间类型中集聚程度最高，规模高值区呈“Y”字形分布，将南北和东西城区连接起来。条带状主体核心区分布中心位于新市区天津路铁路局商圈，沿新华路、北京路、友好路方向连接友好商圈、大小西门商圈和大十字商圈等，集中分布于天山区、沙依巴克区、水磨沟区和新市区四区交界处及米东区西南部、头屯河区北站街道，以西北、东南方向为发展趋势。

公共服务空间呈高值集聚分布、低值均衡分布特征。规模高值区呈现“点—面”结合形分布特征，主次核心区明显。面状高值区集中于天山区、沙依巴克区、水磨沟区和新市区四区交界处沿阿巴线、北京路方向分布，以西北、东南方向为发展趋势；仅形成一个主核心区，以天山区龙泉街与龙泉街南巷交叉口附近为中心，东至和平南路，南至团结路，西至新华南路，北至人民路。点状高值区则分布于新市区小西沟的新市区政府及周边、米东区古牧地西路一带。

文化空间呈现多极低密度分散特征。主次核心区以“十”字形沿南北、东西城区延伸，规模高值区呈多个极核沿河滩快速路南北延伸分布，次级核心区则以东西方向断续分布。其中主核心区以沙依巴克区巴州路与新医路附近为中心，东至河滩北路，南至滨河中路东二巷，西至西北路，北至建新巷。

# 第三节　城市生活空间模式

## 一、研究方法

可用空间插值来分析生活空间结构模式。基于点的空间插值包括整体和局部两种方法，整体插值借助所有已知点的数据来估计未知值，局部插值借助未知点周边的样本来估计未知值[130]。反距离权重（IDW）插值法使用一组采样点的线性权重组合来确定像元值，权重是一种反距离函数，进行插值处理的表面应当是具有局部因变量的表面。此方法假定所映射的变量因受到与其采样位置间的距离的影响而减小，实现的是第一地理定律“所有事物彼此相关，距离越近关系越强”。点到要估计的像元的中心越近，则其在平均过程中的影响或权重越大。例如，为分析零售网点而对购电消费者的表面进行插值处理时，在较远位置购电影响较小，这是因为人们更倾向于在家附近购物。具体公式为：

$$Z_x = \frac{\sum_{i=1}^{s} Z_i \frac{1}{d_i^k}}{\sum_{i=1}^{s} \frac{1}{d_i^k}} \tag{4-6}$$

式中 $Z_x$ 是点 x 的估计值，$Z_i$ 是已知点 i 的属性值，$d_i$ 是已知点 i 与点 x 之间的距离，s 为估算中用到的已知点数目，k 是确定的幂次，幂次越高，距离衰减作用越强（即距离的幂次越高，局部作用越强），本章的幂次为 2。IDW 方法的重要特征是所有预测值介于最大值和最小值之间，以避免出现极端值。

## 二、城市生活空间总体模式

乌鲁木齐城市居民日常生活空间，整体呈现典型的“圈层 + 扇形 + 极核”空间结构模式。以新市区、水磨沟区、天山区和沙依巴克区四区交汇处为核心区呈现从中心向外，规模递减的有序圈层状态；以圈层式东北边缘向米东区扇形扩散，并形成次级核心区；在头屯河区形成单独极核式次级核心区。内圈层是城市核心区，该圈层城市化水平最高，人口高度集聚，经济发展通常以第三产业为主；并且建筑密度大，地价、房价较贵，可谓“寸土寸金”；同时公共资源服务水平亦较高，但交通通达性程度因人口和建筑密度等影响却相对较低。该圈层是乌鲁木齐市金融大道、商业广场等集中地，也是乌鲁木齐市老城区所在地。中间圈层有两个层级，是城市核心区向乡村的过渡地带，是城市用地轮廓线向外扩展的前缘，处在核心区外围，形成了扇形连接和单独的两个次级核心区，是城市扩展的潜力区。外圈层主要在城市西北部以农业为主，居民点密度低，建筑密度小，东北部以工业区为主。

综合分析乌鲁木齐中心城区主次核心区的区位、交通、自然生态环境、社会经济发展状况、开发历史、政策环境等软硬件条件，可将其归纳为两个各具特点的热点区模式。

1. 基于传统城市中心的复合型核心区——南门—友好—北京路热点区

自南门至友好再到北京路的南北一线，为乌鲁木齐市新市区、水磨沟区、天山区和沙依巴克区四区交汇处，是老城区也是传统城市中心，是政治、经济、文化、居住等各类场所的聚集地，区域面积小，人流量大，人口密度高，交通便捷。该热点区是土地利用类型最为复杂、人口密度最为集中的区域，也是社会空间中高收入人群聚集的社会区。其场所类型多样、规模较高，同时密度也最高。

2. 基于工业园区的次级核心区——米东热点区

米东区的古牧地东路、古牧地西路和石化街道一带，构成了基于工业园区的次级核心区。米东区是 2007 年 8 月经国务院批准，由原乌鲁木齐市东山区和原米泉市合并成立，在原有城市发展基础上，发展新建化工工业园和甘泉堡经济技术开发区。同时，该地还有多个国家 4A 级景区。该热点区是在原县级市米泉市的基础上发展起来的，前期城市基础水平较高，后期工业园区的发展，又有大量人口迁入。其社会空间结构体现为高学历三产人员聚集区，人口密度相对较高。

## 三、城市生活空间分类模式

乌鲁木齐中心城区各类型生活空间结构模式基本与总体表现一致，以“圈层+极核”的结构模式为主，但又具有一定独特性。居住空间呈现向东南方向延伸态势；就业空间则向东部扩展明显；休闲空间则呈现两个核心区，向城市东北部延伸态势；消费空间在城市南部向东西方向扩展；公共服务空间和文化空间辐射面较广，基本覆盖中心城区大部分区域。

1. *多核心并存的居住空间*

乌鲁木齐中心城区居住空间呈现明显的多核心并存态势，结合住宅小区规模、区位和社会区等条件，可将其归纳为三个热点区模式。①基于老城区的高收入人口核心区。在沙依巴克区、水磨沟区与天山区三区交界处的友好南路、友好北路、新民路、扬子江路等街道，是老城区所在地，也是城市人口密度最高的区域，其社会区为高收入人口聚集区。分布有诸如南门国际城、红十月小区等多个大型小区。②基于新工业园区的高学历人口次级核心区。在米东区米东南路、地磅、石化等街道，其社会区为高学历三产人员聚集区和学习培训性人口聚居区，分布有幸福小镇、米兰小镇等多个新建小区。③基于单位制社区的高收入人口次级核心区。在新市区杭州路、中亚南路、南纬路和高新街等街道，是乌鲁木齐市铁路局所在地，其周边主要以单位住房为主，形成了单位制社区的次级核心区。社会区类型为高收入人口聚集区。

2. *形成增长极的就业空间*

结合乌鲁木齐市企业规模、区位和社会区分析等条件，可见已形成推动经济发展的增长中心，形成以第三产业为主的空间集聚的产业极。该区域为南门—友好—北京路一线，通过发展金融、商业等第三产业，一方面对周围区域产生吸引力和向心力，将人口、资金和技术吸引到该区域集聚，进一步促进核心区发展；另一方面也对周边地区产生扩散作用，形成圈层式发展的次级核心带，以产品、资本、人才和信息的流动，提高周边地区的就业机会及边际劳动生产率和消费水平。热点区分布的社会区类型主要为高收入群体聚集区。

3. 双核心并置的休闲空间

结合乌鲁木齐市休闲场所规模、区位和自然生态环境等条件，主要呈现两类热点模式，且呈现双核心并置的态势。①观光游憩型核心区。位于乌鲁木齐市雅玛里克山、西山街道和北京路街道等地，主要分布为对文化积淀和自然生态环境要求较高的公园、游乐园聚集区。②参与型休闲核心区，位于乌鲁木齐市石化街道，主要分布为居民交流和参与互动的广场和步行街。

4. 均衡分布的消费空间

结合乌鲁木齐市消费购物场所规模、区位和社会区分析等条件，消费空间呈现整体均衡分布的态势，热点区范围小。可见目前乌鲁木齐市整体消费购物场所服务能力较好，居民日常消费行为并不存在特殊指向性。形成了两个核心区：一是位于友好—北京路商圈，二是火车南站商贸城商圈。

5. 全面覆盖的公共服务空间

结合乌鲁木齐市公共服务场所的区位、规模等条件，公共服务空间亦呈现整体均衡分布的态势，热点区集中在乌鲁木齐市中心区域。可见目前乌鲁木齐市公共服务空间基本实现了全面覆盖，但规模等级较高的服务场所依然在城市中心，其吸引力和指向力相对较高。

6. 高校集聚的文化空间

结合乌鲁木齐市公共服务场所的区位、规模和社会区分析等条件，文化空间的热点区位于乌鲁木齐市中心，是由新疆农业大学、新疆大学北校区、新疆师范大学昆仑校区、新疆医科大学等组成的文化教育集中区，也是社会阶层分异中大专及以上学历人口聚集地。

## 本章小结

本章以场所的功能属性来识别城市生活空间组织要素；从城市生活空间组

织要素对生活空间单元进行考量，解析城市生活空间结构。对乌鲁木齐城市生活空间从空间规模等级上、集聚结构上分析其结构特征。进一步采用反距离权重法分析，归纳总结城市生活空间总体模式和分类模式。

（1）城市生活空间组织要素识别

对统一抽象成无面积、无体积的POI数据进行规模等级化处理，可全面体现生活空间场所对居民日常生活的影响。城市生活空间与社会空间分异具有对应性，空间场所对居民行为活动具有指向性，城市生活空间是物质空间和社会空间通过居民活动作用而形成的，可以由空间场所的功能来具体表征。居民日常生活场所空间分析从功能供给视角可将城市生活空间分为单一功能区、混合功能区和未利用区。进一步按照各生活空间类型的具体功能细分为居住、就业、休闲、消费、公共服务、文化和混合功能区。其分布特征为就业功能区最多，呈连片分布在城市西北部大片的耕地和东北部工业园区均为面积广阔的区域，与行业就业人口空间分异呈现一致性。其次是居住功能区，主要呈面状和点状分布，在混合功能区周边以面状连片分布为主，而城市外围边缘区则呈点状零散分布，与人口分布呈现一致性，以老城区为核心向城市外缘扩展。公共服务功能区呈点状分布在城市中，基本涵盖了城市各个区域（未利用区除外）。消费功能区集中呈点状分布在城市核心区周边。休闲功能区点状分布在城市外围边缘区，在城市中心也有较少分布，以公园绿地为主。文化功能区单元数量最少，其分布与居民的文化水平空间分异有一定相关性，学历人口呈现学历越高城市中心指向性越强，文化功能区单元除在城市中心区有连片分布外，城市外缘都以点状零星分布。

（2）城市生活空间结构

以城市生活空间功能要素为生活空间具体类型的表征，在网格单元中将其视为某种生活空间单元。乌鲁木齐中心城区生活空间结构总体呈现点、线、面一体化的结构特征，大规模高密度区以条带状及点状结构分布，小规模低密度区以面状结构连片分布。条带状高密度区主要集聚在新市区、水磨沟区、天山区和沙依巴克区交汇处，以外环路以内为中心，沿河滩快速路呈南北走向在空间上连续分布；点状高密度区主要集聚在以米东区古牧地中路与古河路交叉口，单独成核，尚未与城市中心的条带状高密度区连接。中规模中密度区分布较少，基本包裹在大规模高密度区外围，并呈零星点状以东西走向连接米东区高密度区和头屯河区。小规模低密度区是乌鲁木齐中心城区生活空间结构的主要组成部分，呈现较密集的连续分布。

乌鲁木齐中心城区生活空间分类特征各有不同。居住空间多中心特征明显，形成多个主次核心区。整体以西北、东南方向为发展趋势，规模高值分布呈现“一圈两翼”特征。就业空间呈“点—线—面”一体化特征，辐射范围较广。规模高低值呈“E”字形线状分布，主线为南北延伸，以天山区新华路与中山路交叉口为中心，东至红旗路、南至人民路、西至阿巴线、北至民主路；次线以高新区火炬广场为中心，东至鲤鱼山公园、南至贵州路、西至北京南路、北至外环路高架。低值区则呈现大面积分布在城市东北部及西部。休闲空间点状主次核心区分布明显，呈低密度分散分布特征。规模高值区形成多个主核心区，以及多个单极次级核心区，主核心区以占地面积广阔、规模等级高的休闲场所为主，并未形成集聚态势；整体呈现低密度点状分散分布特征。消费空间呈高值集聚分布，主次核心特征明显。消费空间在各类生活空间类型中集聚程度最高，规模高值区呈“Y”字形分布，将南北和东西城区连接起来。条带状主体核心区分布中心位于新市区天津路铁路局商圈，沿新华路、北京路、友好路方向连接友好商圈、大小西门商圈和大十字商圈等，集中分布于天山区、沙依巴克区、水磨沟区和新市区四区交界处及米东区西南部、头屯河区北站街道，以西北、东南方向为发展趋势。公共服务空间呈高值集聚分布、低值均衡分布特征。规模高值区呈现“点—面”结合形分布特征，主次核心区明显。面状高值区集中于天山区、沙依巴克区、水磨沟区和新市区四区交界处沿阿巴线、北京路方向分布，以西北、东南方向为发展趋势；仅形成一个主核心区，以天山区龙泉街与龙泉街南巷交叉口附近为中心，东至和平南路，南至团结路，西至新华南路，北至人民路。点状高值区则分布于新市区小西沟的新市区政府及周边、米东区古牧地西路一带。文化空间呈现多极低密度分散特

征。主次核心区以“十字形”沿南北、东西城区延伸，规模高值区呈多个极核沿河滩快速路南北延伸分布，次级核心区则以东西方向断续分布。其中主核心区以沙依巴克区巴州路与新医路附近为中心，东至河滩北路，南至滨河中路东二巷，西至西北路，北至建新巷。

（3）城市生活空间模式

乌鲁木齐城市生活空间，整体呈现典型的“圈层＋扇形＋极核”空间结构模式。以新市区、水磨沟区、天山区和沙依巴克区四区交汇处为核心区呈现从中心向外、规模递减的有序圈层状态；以圈层式东北边缘向米东区扇形扩散，并形成次级核心区；在头屯河区形成单独极核式次级核心区。乌鲁木齐中心城区各类型生活空间结构模式基本与总体表现一致，以“圈层＋极核”的结构模式为主，但又具有一定独特性。形成多核心并存的居住空间，整体呈向东南方向延伸态势，三个热点区模式为基于老城区的高收入人口核心区、基于新工业园区的高学历人口次级核心区和基于单位制社区的高收入人口次级核心区；形成增长极的就业空间，以第三产业为主的空间集聚的产业极向东部扩展明显；双核心并置的休闲空间，观光游憩型核心区和参与型休闲核心区向城市东北部延伸态势；均衡分布的消费空间，在城市南部向东西方向扩展；全面覆盖的公共服务空间，热点区集中在乌鲁木齐市中心区域；高校集聚的文化空间，热点区位于乌鲁木齐市中心，是社会阶层分异中大专及以上学历人口聚集地。

# 第五章　乌鲁木齐城市生活空间机理

生活空间作为城市空间结构的重要组成部分，其形成和发展同样是各种复杂因素相互作用产生的结果；生活空间是居民行为选择和环境约束下形成的复合系统，其内部各子系统之间也存在着交织的复杂关系，相互促进和影响。区域环境中各类场所及设施在物质空间中的分布及关联从供给侧作用，居民社会空间属性所做出的日常行为方式选择从需求侧作用，分别从外在影响和内在响应共同作用形成了城市生活空间组织。本章基于乌鲁木齐城市生活空间现状及组织结构模式，从影响因素、作用路径两方面分析城市生活空间形成机理。

## 第一节　城市生活空间影响因素

### 一、自然环境因素

新疆是典型的干旱半干旱荒漠区，地域广阔但宜人居住的地方多为零散分布的绿洲，水源条件、地形条件及土壤条件是影响社会发展的重要因素。

水源条件的影响。城市生活空间分布及空间扩展具有明显的水源指向性，沿乌鲁木齐河河谷走向，南部为乌鲁木齐市水源地，是控制发展区，市区南部

是老城区、传统中心地，人口分布重心之一；城市北面为乌鲁木齐河冲积扇范围，是城市扩张的主要方向，也是新兴中心区，人口分布较为密集。

地形条件的限制。乌鲁木齐市位于准噶尔盆地南缘，北天山北麓，整体呈现三面环山的“锅底”状态，东面、南面和西面均为山体，北面为准噶尔盆地南缘，因此城市地势呈现东南高、西北低态势，地势起伏差异巨大，山地面积高达50%以上。市区处于乌鲁木齐河的河谷地带，南部为山地、乌鲁木齐河发源地，北部为乌鲁木齐河冲积扇，地势延绵坡度适宜，是耕地主要分布区。乌鲁木齐城市空间呈南向北延伸。

土壤条件的影响。城市北面为乌鲁木齐河冲积扇范围，地势延绵坡度适宜，是耕地主要分布区，为农村生产的发展和乡村聚落的分布提供了可能，充分体现了其亦城亦乡、半城半乡的特征。

## 二、经济因素

可将城市或区域看作一个经济系统，城市居民是系统中的主体，既是供给方（劳动力）也是需求方（消费者），城市或区域的人口分布情况可以体现经济发展的态势。经济因素对生活空间有着明显影响，主要通过城市化水平、市场化水平、产业空间分布和居民收入水平四方面，对居民日常生活产生影响：一是影响居民的居住地选择，二是制约休闲、消费等场所设施的选址，三是影响居民生活行为空间的发生方向，四是影响生活空间结构。城市化水平对户籍人口的居住地选择有重大影响，水平越高，相对居住环境越好、配套服务设施越全面；另外，人口流动也对生活空间进行重构。市场化水平则制约休闲、消费等场所设施的选址，同时，住宅作为一种商品在市场中流通，也影响着居民日常生活。就业空间结构形成过程中，产业空间分布与居民所从事的产业类型相适应，产业类型和结构特征直接影响空间结构的特征。乌鲁木齐第一产业就业人口主要分布在中心城区的边缘区域，第二产业就业人口分布在经济技术开发区的乌昌路街道、八钢工业区，高新技术开发区的石油新村街道和米东区的化工工业园的集中分布，第三产业就业人员在火车西站、老城区及火车南站周边带状分布，决定了通勤活动空间也具有相对一致的空间结构。收入水平对居住条件的筛选过程也就是居民居住空间结构的形成过程，居住条件空间分布的差异性是主要因素，居住环境选择影响生活空间结构。

## 三、历史文化因素

乌鲁木齐自古就是中国西北边疆的一个重镇，是古丝绸之路经济带的重要节点区，贯通中西的地缘优势吸引集聚了各个民族在此聚居，形成多民族大一统格局。公元640年，唐朝政府在天山北麓设置庭州，辖金满、蒲类、西海、轮台四县，现在的乌鲁木齐即为唐轮台县。唐轮台县是西域政治、军事、经济和交通的重镇之一，对乌鲁木齐的发展起过重要作用，公元771年，又在轮台设置“静塞军”，驻守这一战略要地。清代乾隆二十年（1755年），开始对乌鲁木齐大规模开发，清军修筑了一座土城，起名乌鲁木齐，这是最早的城郭，在现乌鲁木齐市东侧。随着人口增长和商业贸易需要，清军对乌鲁木齐进行两次扩建。乾隆二十三年（1758年）在今南门外修筑一座土城，此为乌鲁木齐城池的雏形，也是现今乌鲁木齐市的老城区；乾隆二十八年（1763年），又在老城北、现在的红山南修建了新城，将旧土城向北扩展，达到周长五里四分。竣工时，乾隆将城名由乌鲁木齐改为迪化，同知移驻新城。城市居民成分及身份也愈发复杂，包括汉、维吾尔等民族，居民身份有清朝公职人员、文人学士、驻军，贬官流放人员，以及商人、实业家等。这些民族以市区南部为集中分布区域，随着市区向北扩张而向北集散，形成混合居住态势，生活空间的分布特征受到历史人口分布中心影响。

目前，乌鲁木齐市人口数量较多的民族是汉族、维吾尔族、回族和哈萨克族，各民族在共同工作和生活中交往、交流和交融，形成了“你中有我、我中有你”的“大杂居、小聚居”型社会结构格局[131]。这种融合分布的前提是文化的认同，文化的认同又是在民族的交往交流中潜移默化形成的。虽然各民族在语言、文字、宗教、心理、习俗等方面仍然存在差异，若能进一步突破各个民族已经形成的面向熟悉之人及亲戚间交流、交往居多的情况，鼓励以社区

为单位多交流和交往，将更有利于人们在共同的生产生活中达成信任，消除隔阂，加强团结，形成共同的生活空间。

## 四、政策因素

政策因素是影响空间布局与结构的重要因素，主要影响表现在规划建设方面，尤其是城镇的规划与建设。国土规划、土地利用规划和城市规划是地理学空间规划体系中重要的三类基本规划，目前多位学者提出“三规合一”等观点，对于城市空间规划具有重要指导意义。科学合理地制定国土规划、土地利用规划和城市规划，是区域生活空间合理化的必要措施，是合理布局配套基础设施的前提，合理布局相关配套设施建设项目是实现公平公正资源配置的重要保障手段。

另外，公共道路交通的便利通畅情况也是影响居民生活空间结构的重要因素。公共交通基础设施的延伸受到政策指引，政府政策的制定以规划为依据。道路及其在城市内部的区位及便利度，吸引生活空间向交通便利方向或沿交通线伸展，成为城市生活空间形成的轴线。道路交通条件的便利度也会明显影响居民居住—通勤活动、休闲—娱乐活动、购物—消费活动、公共服务—交往活动等空间。尤其是交通和信息交流的不通畅会明显缩小生活空间的范围。

## 五、居民行为选择因素

根据居民日常生活行为活动分析可见，居民的行为选择对生活空间有极大影响。首先，是居住空间的选择，居住环境反映了经济的供给与需求，社区房价差异对社区居民实现了筛选，因此居民的经济收入水平决定了其居住条件。乌鲁木齐市房价的空间分布影响着不同收入水平居民居住地的空间分布。目前，天山区作为乌鲁木齐市的老中心房价相对较高，社会性资源分布较为密集，资源质量较高，对经济收入水平较高的群体居民吸引力较大。其次，生活行为空间范围的大小依赖于交通方式和出行时间。居民的经济收入水平与出行的时间成本呈负向关联性，更高效的交通工具总是成为被选择对象。因此，经济收入水平较高的居民一般青睐于更为高效的交通工具，尽可能缩短行为活动时间、扩大行为空间范围。再次，收入水平绝大程度上取决于居民所从事的行业的平均收入，行业的空间分布制约着通勤活动的空间方向。乌鲁木齐市的第三产业尤其是金融、计算机、教育、批发零售、餐饮、娱乐、休闲等具体行业虽然分布广泛，但核心区目前仍在老城区，这决定了居民的通勤、通学、购物、闲暇等活动在空间上具有向心指向性。最后，居民的休闲、公共服务和文化教育活动都呈现就近选择的特点，部分居民在消费场所选择上有差异，表现出质量优先选择的特点。

## 第二节　城市生活空间作用路径

### 一、外在影响：城市内外关系变化及其作用

#### 1. 城市化对生活空间的作用

城市化是经济发展的必然趋势，是社会生产力发展到一定阶段的产物。随着经济的发展，城市的规模和数量得以增加，城市化水平进一步提高，反过来城市化发展又会推动经济增长。城市在空间上实行内部改造与外部扩张双向动态扩展，并通过吸纳不同属性人群和文化，呈现不同的生活方式和价值观，形成具有特色的地域景观[132]。城市生活空间变化是城市化发展的直接反映指标。城市化对生活空间的良性作用表现在两个方面：通过普及公共服务资源、提升其质量，促进城市服务水平及能力的提高；通过政府规划的实施，促进社会公平和效率的发展，逐步缩小城乡和地区发展差距。但同时城市化亦对生活空间产生负面影响，首先城市的土地作为稀缺资源被赋予各种不同的功能，并划分成各种大小不同的范围，从而吸引不同社会阶层居民集聚，使得社会分异现象开始出现[133]。其次不同社会群体的聚集和分类产生更广泛的空间分离，

使城市空间被分化成各具特色的社会区，形成不同的社会空间结构，这是当今城市空间发展的共同趋势。

城市化引起人口数量的增加、人口密度的增加和人口异化（或总人口分异）的增加，影响着城市居民的日常生活。乌鲁木齐市自2000年户籍总人口181.7万人，至2013年增长至262.93万人，户籍人口增长了将近100万；2013年末常住人口346万人，其中增加了83万流动人口。人口的增加推动了城市化发展，同时也使城市居民日常生活空间发生了极大改变，不同社会属性的人口聚集会形成类似的日常生活行为活动。

2. 市场化对生活空间的作用

经济的持续发展是城市居民生活空间形成的重要保障，经济增长推动下居民生活水平的普遍提高、城市经济职能转变、产业结构及其空间调整、住房供给市场化等带来的空间调整对城市居民生活空间均会产生巨大影响。经济发展以市场为导向，住房价格对不同经济收入群体的筛选结果，表现为居住空间的分异。城市的住房供给结构通过住房作为商品的自然特性作用于社会空间，在住房市场中，各个不同的社会经济团体依据自己的系统配置选择特定类型住房。住房通过体现居民自主性、舒适性、安全性以及福利的选择，在一定程度上反映出个人地位；并通过所有权及区位条件等影响居民获取其他公共服务资源的权利，例如教育、医疗和娱乐设施等场所规模差异，对居民有一定限制。住房不仅具有使用价值，其空间特征及隐形效用还具有交换价值，二者决定了住房在市场中可以作为一种财富储存。在调研和访谈中发现，乌鲁木齐市居民可能会和一定会从现住宅小区迁出的比例占近1/4，住房的商品性和交换价值得以体现。

3. 政府规划对生活空间的作用

规划即对某一领域的发展愿景，将多种要素综合考虑从而制定出的发展计划。通过对未来的全面思考，提出相对完整合理、具备可操作性的行动方案，以政府决策为直接推手，实现“自上而下”实施，一般具有综合性、系统性、时间性和强制性特点。规划强调空间合理和系统布局，特定领域规划应与该区域其他规划协调统一，不能独立存在罔顾实际；局部区域规划应与上级规划相互包容，且遵循上级规划内容。规划通过两方面对生活空间产生作用，一是城市空间规划通过全面合理的具体实施，从而反映居民活动强度在各类规划用地上的变动趋势，并将规划与居民活动互相印证，以期更好地为城市居民提供服务；二是由规划带来的基础设施、公共服务设施在一定区域集中建设投入，也对人们的活动空间选择产生引导作用。

《乌鲁木齐市城市总体规划（2014—2020 年）》的旧城更新规划中提出，第一，通过对以前混杂在旧城居民区里（目前的城市核心区）的工业企业进行搬迁，以期能够缓解城市核心区的人口压力，并调整其产业功能，使其进一步发挥第三产业增长极的优势。第二，进一步推进棚户区和旧居住区改造，以期促进城市人口向城市新建区和城市边缘区迁移。第三，加强对优秀传统文化、民族文化遗产保护和继承工作的重视程度，并结合产业发展调控，进一步培育和发展生产性服务业和文化创意产业，打造出具有乌鲁木齐特色的城市游憩商业区。第四，通过优化路网、推进轨道交通规划和建设、完善快速路和城市干路系统等举措，进一步改善旧城环境，提升旧城活力，提高空间开放性。这将成为乌鲁木齐城市生活空间的指挥棒，引导更合理的生活空间结构形成。

## 二、内在响应：市民内外关系变化及其作用

### 1. 邻里关系对生活空间的作用

城市的社会组织和人的活动，就是城市的“超微结构”，构成了城市的空间秩序。由于经济竞争、劳动分工和住宅选择产生了各种邻里和社会群体，从而使社会生活在家庭、学校、单位、朋友和亲戚关系等方面产生分裂。邻里就是包含在人口学特征、经济特征和社会特征方面广泛相似的地域，由居民的社会互动和共同纽带集合而成，邻里关系就是处于相对独立空间中，不同文化之间相互交流的关系[134]。

交往对生活空间结构的影响很大，邻里的交往意愿决定了生活空间的分离程度。公共空间是满足人们生物性、社会性需求的重要场所，在人们日常人际

交往过程中可起到激励与引导的作用。以公共空间为基础，居民通过在公共空间中交流、交往，才能建立起良好的邻里关系。公共空间不仅是物质空间的单纯建构，还是社区居民公共生活的集中地，其内涵是公共生活关系的体现。传统社区相较于现代高层建筑社区而言，邻里关系更为密切，这是因为在传统居住区中，公用设施配置相对较多，使邻里之间交往更为频繁，在生活中相互包容和理解有助于形成良好的邻里关系。对乌鲁木齐城市居民的调研显示，邻里关系影响着居住选择，居民更愿意选择有相同背景和收入水平的邻居居住于同一小区。

2. 民族关系对生活空间的作用

新疆是一个多民族聚居地区，共有 47 个民族成分，其中 13 个世居民族。新疆总人口约 2000 万人，其中少数民族人口约占 60.5%。新疆各民族是中华民族血脉相连的家庭成员，促进民族关系和谐、宗教关系和谐是新疆社会稳定和长治久安的坚实基础。在当今现代化和城市化发展愈来愈快的背景下，各民族流动人口的迁移也日趋增多，在一个城市一个社区中共同生活着不同民族的居民，这种现象越来越普遍。不同民族的居民在城市中共同工作和生活，形成一种新的社会结构格局，这种格局可称之为“嵌入式”社区，具体表现为在同一社区中居住着不同民族居民，以“大杂居、小聚居、互相交叉居住”的形式存在，各民族居民呈现团结、和睦、尊重、包容，相互理解和帮助的局面[135]。这种“民族互嵌”既表现出不同民族之间相互影响、相互渗透的空间关系，同时还进一步表征出不同民族之间交往自由、相互包容的社会关系。打造“嵌入式”社区，以社区为单元加强各民族的交流交往，形成良好的社区居民关系及氛围，是通过微观视角实现民族团结的有效手段。

通过城市社区体系规划从而构建良好的民族关系，对城市生活空间产生作用。社区体系规划需从空间结构供给和居民需求两方面综合把握，强调居住空间的适居性和舒适性，即居民在物质空间（环境）、社会空间（关系）和生活空间（场所），以及宏观文化—生态环境中均感觉舒适宜居，方可实现生活空间质量的提高。

3. 社会与个人关系对生活空间的作用

“人”是城市空间发展的主体与核心，城市空间中各因素在“人”的具体行为活动实践中得以产生空间效应。“人”的概念既包括狭义的居民个体，也包括广义的社会群体和阶层集合，具有个体性也具有群体性和社会性，多位社会属性相似的居民个体即可组成具有同一突出特征的社会群体或社会阶层。居民个体的行为具有独特性和随意性，但相同社会群体和阶层的行为又具有同一性和普遍性，社会与个人之间通过不同居民个体的交流交往关系作用于城市空间，是生活空间形成的实践主体。

城市生活空间就是社会与个人关系在社会实践中形成发展的。具体来看，首先通过不同居民个体在空间上的聚集而产生社会阶层分化，从而促使生活空间变化。其次通过居民生活观念和方式的转变，进而改变行为活动，例如随着经济水平提高，购物、休闲理念的转变，从温饱需求到更加注重服务质量及感官享受等需求，使得居民对生活空间质量要求提升。

## 第三节　城市生活空间组织网络

对城市生活空间的解析与认知，要从空间与个人两方面综合认知，并解析两者相互作用关系。既要解析物质空间中各要素交织组合所形成的空间结构特征及模式，其以场所设施为具体表征，以空间功能为具体组织要素；还要解读空间结构特征形成的文化内涵及社会关系映射[136]。城市居民行为选择局限于居民的生活能力，以及当下的生活环境；生活环境即人们日常生活各种活动的场所，而人们的生活能力则限制了其出行范围。城市生活空间是在经济发展、政策调控、居民行为选择和社会与个人等层次上形成发展的，且生活空间各类型间相互联系和作用，是环境约束和居民行为选择共同形成的复杂组织网络。在上述各种因素的复合作用下，构成了乌鲁木齐城市生活空间的组织网络（见图 5－1）。

物质空间的环境条件是城市生活空间形成的具体承载和约束。约束可分为

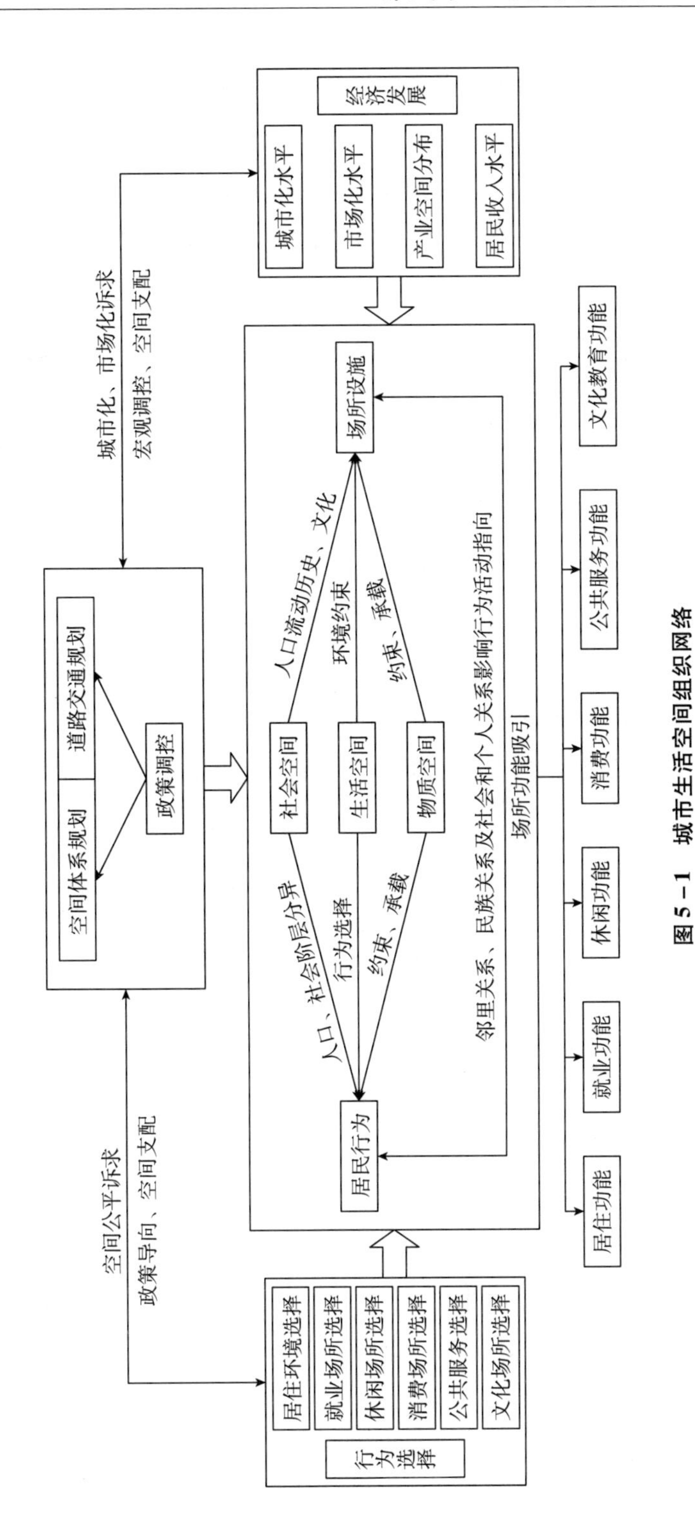


图 5－1　城市生活空间组织网络

生理上或自然形成的制约和由于个人决策、公共政策及集体行为准则造成的制约。对于个人来说，通常只能部分地克服这些制约。这些制约可以归为三类：能力制约（Capabilityc Onstraints）、组合制约（Couplingc Onstraints）和权威制约（Authorityco Nstraints）[35]。物质空间通过水源、地形和土壤等环境条件约束人类活动，形成独特的城市发展空间。

经济发展是城市生活空间形成的根本动力。经济发展通过城市化、市场化、产业空间分布和居民收入水平推动了城市生活空间形成和变化。人口迁移和流动促进了居住空间分化，工业郊区化则推动了职住空间的分离、居民生活水平和收入水平的提高，以及科学技术的发展等，推动着生活观念和方式的不断改变，进而引起城市生活空间变化。

政策调控是城市生活空间变化的直接“推手”。居民的社会公平诉求和经济发展中的城市化、市场化诉求，由政府采纳并通过制定系列空间体系规划和相关道路交通规划等，从政策导向和宏观调控角度行使政府的空间支配能力，通过调整场所设施的配置，从而改变生活空间功能，进而改变城市生活空间结构。

居民行为选择是城市生活空间形成的实践主体。在物质空间中环境约束等因素作用下，在收入水平、家庭需求和兴趣爱好等因素的综合影响下，居民的人口属性、社会阶层分异亦不断深化，并以此形成多样化的个人偏好，进而改变了居民的生活观念和生活方式。这种社会分异，促使不同属性群体、不同社会阶层居民选择不同等级类型的居住空间，并由此产生差异化的生活方式，表现出不同的活动类型特征，形成居住空间分化，促进生活空间类型多样化发展。

城市居民生活空间是在环境约束和居民行为选择等多种因素相互交织，并通过复杂的、交互式的综合作用影响下形成的。物质空间和社会空间通过场所设施和居民行为，共同塑造着城市生活空间。城市生活空间通过场所设施为表征，以物质空间为约束和承载空间，场所的功能属性吸引居民产生具体活动；通过邻里关系、民族关系及社会和个人关系作用于居民行为选择，从而产生社会空间分异。城市生活空间的形成与发展也反映了地理学中的“人—地”关系，体现出个人与社会环境的辩证联系。

# 本章小结

从自然环境、经济、文化历史、政策和居民行为选择五个方面，分析各影响因素对生活空间形成的影响。自然环境因素主要是水源条件的影响、地形条件的限制和土壤条件的影响；经济因素对生活空间有着明显影响，主要通过城市化水平、市场化水平、产业空间分布和居民收入水平四方面对居民日常生活产生影响：一是影响居民的居住地选择，二是制约休闲、消费等场所设施的选址，三是影响居民生活行为空间的发生方向，四是影响生活空间结构；文化历史因素则从两方面影响，一是各民族的文化认同促进融合分布，二是历史人口分布中心影响人口生活空间的分布特征；政策影响主要表现在规划建设方面，尤其是城镇的规划与建设以及道路交通规划等；居民行为选择因素则主要在居住空间的选择、出行方式的选择，以及各类生活空间场所的选择等方面。

从外在影响、内在响应两个方面揭示城市生活空间的作用路径。认为城市内外关系变化通过城市化、市场化和政府规划等对生活空间产生作用。市民内外关系变化通过邻里关系、民族关系和社会与个人关系对生活空间产生作用。城市生活空间在经济发展、政策调控、居民行为选择和社会与个人等层次上形成发展，且生活空间各类型间相互联系和作用，在上述各种因素的复合作用下，构成了乌鲁木齐城市生活空间的组织网络。具体表征为物质空间的环境条件是城市生活空间形成的具体承载和约束；经济发展是城市生活空间形成的根本动力；政策调控是城市生活空间形成的直接推手；居民行为选择是城市生活空间形成的实践主体。

# 第六章　乌鲁木齐城市生活空间质量评价

生活空间结构问题的实质是居民需求与实际供给不平衡，是城市发展与人本需求的空间匹配问题。人文地理学在社会—文化转向后，强调人与社会（文化）和谐的可持续发展观，以居民生活质量提升为终极目标，其焦点是城市（社会）生活质量构成与城市（社会）生活质量空间耦合的建构[137]。城市生活质量观的学者们认为，城市生活质量是社会追求的最高目标，一般是人文社会与管理学科着重研究的方向；而生活空间是生活质量的具体承载，生活空间质量是区域与城市规划等学科聚焦的方向；空间规划是提高生活空间质量的具体途径。城市生活质量和生活空间质量在不同领域和学科的研究，体现了学科融合的新理念。地理学对城市生活空间研究的核心应以提高生活空间质量为最终目的，通过基于对城市生活空间结构的解析，准确识别生活空间类型并对其质量进行评价，分析发展中存在的问题，进而提出相应治理对策[77]。本章从乌鲁木齐居民日常生活质量和其对应的生活空间质量两方面做出评价，从整体和分类两个视角进行分析，以期为生活空间优化提出具体依据。

# 第一节 日常生活质量整体评价

## 一、整体评价方法

1. 区域综合实力评价法

通过区域综合实力对生活空间进行发展基础评价。区域综合实力评价即对某个区域的综合经济实力与其他区域对比进行评价，通过对区位、资金获取能力、人口数量、科技水平、基础设施建设和资源支持获取能力等因素的综合计算，进而反映该地区与其他区域相比的强弱程度。可通过构建研究区的竞争力评价指标体系，采用聚类分析法对区域竞争力类型进行划分，然后基于因子分析法进行综合竞争力评价。

首先基于上述多种影响因素构建综合实力评价指标体系，涵盖经济发展、基础设施和人民生活三方面，基于数据合理性和可操作性原则，选取出 15 个指标因子。经济发展包括城市化率、人均 GDP、GDP 增长率、第三产业增加值比重、人均财政收入（万元）、人均社会消费品零售额（万元）、人均外商直接投资额（万元）和人均全社会固定资产投资额（万元）八个指标因子；基础设施包括医生数（人）、师生比、社区居委会（村委会）和发电量（亿千瓦时）四个指标因子；人民生活包括城市居民最低生活保障人数、农牧民人均纯收入（元）、城镇登记失业率三个指标因子。然后采用 K 均值聚类法（K – Means Cluster Analysis）对乌鲁木齐市中心城区进行分类。K – Means 算法是基于距离（欧氏距离）的聚类算法，采用距离作为相似性的评价指标，即认为两个对象的距离越近，其相似度就越大。采用 K 均值聚类法，选取最大迭代次数为 20，即当逐步聚类达到最大迭代次数，即使尚未满足收敛准则，也将终止迭代；收敛标准为 0. 02，即当收敛值为 0. 02 时迭代终止，当新一代迭代形成的若干类中心点和上一次的类中心点间的最大距离小于指定的0.02时，终止聚类迭代分析过程。经过两次迭代后，聚类中心内的更改均为0.000，最小距离为8.149。

然后采用因子分析法计算六区一县综合实力评分。首先对数据矩阵进行标准化处理并进行相关性验证，为了保证是正定矩阵可用因子分析法，最终选取人均GDP、人均财政收入、卫生机构数、社区居委会（村委会）数、师生比和POI场所规模等级数量六项指标，涵盖经济发展、人民生活和空间场所数据，以此计算综合实力，可作为后期分析基础。变量的相关系数矩阵表明，多个变量之间的相关系数较大，巴特利球形检验统计量的Sig.值为0，由此认为各变量之间存在显著的相关性，可以进行因子分析。提前两个特征值较大的主因子，其累计方差贡献率达85.729%（见表6-1）。采用最大方差法进行因子旋转，经过三次迭代完成收敛过程，得到旋转后的因子载荷矩阵（见表6-2）。由此可见社区居委会（村委会）数和卫生机构数可视为基础设施保障，均与综合实力呈现正相关；人均财政收入、人均GDP、师生比和POI场所规模等级数量可视为经济发展水平，教育投资和教育产出对于经济发展的促进作用明显，因此师生比与综合实力呈现负相关，其余均呈正相关。

选取的两个主因子，对应的特征值分别为2.869、2.275，可以计算得出各主因子的贡献率为0.538、0.462，因此各区县综合实力可以表示为：

$$F = 0.538 \times F1 + 0.462 \times F2 \tag{6-1}$$

**表6-1　各区县综合实力特征值及方差贡献率**

| 主因子 | 特征值 | 方差贡献率（%） | 累积方差贡献率（%） |
| --- | --- | --- | --- |
| 1 | 2.869 | 46.081 | 46.081 |
| 2 | 2.275 | 39.648 | 85.729 |

**表6-2　因子载荷矩阵**

| 指标 | 主因子 | |
| --- | --- | --- |
| | 1 | 2 |
| 社区居委会（村委会） | 0.980 | 0.146 |

续表

| 指标 | 主因子 | |
|---|---|---|
| | 1 | 2 |
| 卫生机构数 | 0.958 | 0.224 |
| 人均财政收入（万元） | -0.738 | 0.663 |
| 人均 GDP | -0.373 | 0.911 |
| 师生比 | -0.259 | -0.801 |
| POI 场所规模等级数量 | 0.490 | 0.539 |

注：阴影标示为每项变量归属于某项主因子的选取依据，例如人口密度，在第五个主因子中的值为0.949，在7项主因子中最显著，则将人口密度这个变量视为第五类主因子范围。

2. 日常生活便利度评价法

通过计算日常生活便利度指数对生活空间从结构性视角进行供给水平评价。从场所客观存在方面入手，探讨日常生活便利度。宜居城市应从两方面实现舒适宜居，首先是具有为居民日常生活提供高质量、高水平服务的能力；其次是居民可方便快捷地获取这些服务[138]。可见，日常生活便利度是城市是否宜居的重要影响因素之一[139]。中国住建部2007年发布的《宜居城市科学评价标准》，对宜居城市做出了一个较为全面的衡量标准。城市是否宜居，具体可从社会文明阶段、经济富裕水平、环境优美程度、资源承载能力、生活便利程度和公共安全保障六个方面综合考量。国内学者吴良镛关于人居环境研究的理论和方法是宜居环境的重要基础。研究内容主要关注宜居城市评价指标体系的构建与分析、宜居水平的划分及标准等[140,141]；研究方法则采用问卷调查和访谈等来获取数据并进行分析，对居民生活质量及满意度进行定量分析[142~144]。生活便利度是指居民日常使用公共场所设施所提供服务的便利程度[145]，设施的数量、规模、类型及质量均会对便利度产生影响。

生活圈是城市居民日常出行的范围，是基于居民日常需求差异，一定交通方式下的资源获取范围，体现了居民日常生活对公共服务的基本需求层次性。国内研究生活圈是根据居民出行特征，结合不同等级公共服务设施、服务范围将居民日常出行范围划分为基础生活圈、基本生活圈和城市生活圈三个生活圈[146,147]。其中，基础生活圈是满足以小区为核心的基础服务需求，具有日常性，范围为500米以内（步行5分钟）；基本生活圈是满足居民日常生活需求，具有日常性，范围为1000米以内（步行15分钟）；城市生活圈是满足更高层次的休闲、游憩需求，具有偶然性和周期性。本章利用城市设施兴趣点（POI）数据获取城市范围内的公共服务设施现状数据，研究城市生活便利度指标评价体系，计算城市居民生活便利度指数，评价城市居民的生活便利性。为满足居民基本生活圈需要，将各类POI数据按1平方千米的网格单元进行统计城市平均生活便利度指数，据此计算各类设施分布密度，进而计算城市平均生活便利度指数。

（1）确定生活便利度指标体系及权重

首先结合生活圈划分理论，按照生活空间类型列出满足居民日常生活所需的评价因素，然后根据前文所列POI子类进行分类。生活便利度是基于居住空间前往就业通勤、休闲娱乐、消费购物、公共服务和文化教育空间场所的便利程度，因此指标体系即为以上五个评价因素及涵盖的POI子类。采用层次分析法（Analytic Hierarchy Process，AHP）计算因素权重和条件权重，确定指标体系。采用方根法计算最大特征根及对应的权重向量后，进行一致性检验，计算得出CR为0.013，小于0.1，认为该判断矩阵通过一致性检验，否则就不具有满意一致性。最后计算得出各POI子类的权重（见表6－3）。

**表6－3　城市日常生活便利度指标体系**

| | 评价因素 | 因素权重 $W_1$ | POI子类 | 条件权重 $W_2$ | 归一权重 $W_i$ |
|---|---|---|---|---|---|
| 日常生活便利度指数 | 就业通勤 | 0.15 | 公司企业 | 0.4 | 0.06 |
| | | | 商业大厦 | 0.4 | 0.06 |
| | | | 耕地 | 0.2 | 0.03 |
| | 休闲娱乐 | 0.2 | 休闲娱乐 | 0.4 | 0.08 |
| | | | 公园广场 | 0.6 | 0.12 |
| | 消费购物 | 0.2 | 宾馆酒店 | 0.1 | 0.02 |
| | | | 零售行业 | 0.4 | 0.08 |
| | | | 餐饮服务 | 0.4 | 0.08 |
| | | | 汽车服务 | 0.1 | 0.02 |

续表

| | 评价因素 | 因素权重 $W_1$ | POI 子类 | 条件权重 $W_2$ | 归一权重 $W_i$ |
|---|---|---|---|---|---|
| 日常生活便利度指数 | 公共服务 | 0.35 | 医疗服务 | 0.3 | 0.105 |
| | | | 交通枢纽 | 0.1 | 0.035 |
| | | | 加油站 | 0.1 | 0.035 |
| | | | 金融服务 | 0.1 | 0.035 |
| | | | 停车场 | 0.1 | 0.035 |
| | | | 综合信息 | 0.1 | 0.035 |
| | | | 各级政府 | 0.1 | 0.035 |
| | | | 电信服务 | 0.1 | 0.035 |
| | 文化教育 | 0.1 | 科研教育 | 0.8 | 0.08 |
| | | | 文化古迹 | 0.2 | 0.02 |

（2）计算日常生活便利度指数

第一，确定 POI 分布密度。根据规模等级数据库，利用 ArcGIS 软件叠置分析方法，计算出各类 POI 分布密度，公式如下：

$$I_i = P_i / A_i \quad (i = 1, 2, \cdots, 19) \tag{6-2}$$

式中：$I_i$ 为乌鲁木齐市第 i 类 POI 子类场所分布密度；$P_i$ 代表第 i 类 POI 子类场所的规模等级总个数；$A_i$ 是乌鲁木齐市中心城区的面积。

第二，计算城市日常生活便利度指数。城市日常生活便利度指数，可表示为各类场所分布密度与在日常生活便利度指标体系中的权重相乘，具体公式为：

$$Q_i = \sum_{i=1}^{n} I_i \times w_i \quad (i = 1,2,\cdots,19) \tag{6-3}$$

式中：$Q_i$ 为城市日常生活便利度指数，$w_i$ 为第 i 类 POI 场所在日常生活便利度指标体系中的归一化权重。

3. 日常生活质量满意度评价法

通过计算日常生活满意度对生活空间从整体性视角进行居民需求评价。从居民实际需求方面入手，利用问卷抽样调查数据，采用因子分析法分析居民对日常生活空间的满意度。对居民生活质量满意度有直接影响的指标使用五级李克特量表，设置非常满意、比较满意、一般、不太满意和不满意五个评价等级，赋值分别为5分、4分、3分、2分、1分。指标包括居住、就业及发展、休闲、消费、公共服务、文化教育状况和收入水平以及便利度程度。根据李克特量表的赋值原则，采用均值法对具体平均值、日常生活质量满意度评价值进行计算。

（1）确定生活质量满意度指标体系

居民日常生活质量满意度是一个综合性指标，是居民在日常生活中对空间环境的具体感知，表现复杂多样。综合日常生活空间组织要素，在前人研究的基础上，选取16个三级评价指标，建立满意度评价指标体系。选取对居民满意度有直接影响的指标：居住状况（X1）、就业状况（X2）、休闲场所状况（X3）、休闲娱乐便利程度（X4）、消费质量状况（X5）、购物便利程度（X6）、社会保障状况（X7）、社会治安状况（X8）、交通秩序状况（X9）、社区公共服务设施状况（X10）、就医场所状况（X11）、就医便利程度（X12）、教育文化场所状况（X13）、文化活动开展（X14）、邻居交往状况（X15）、收支压力状况（X16）16个三级评价指标，建立居民日常生活质量满意度指标体系。

采用因子分析法对评价指标进行分析，提取了影响生活满意度的主因子作为评价体系的准则层，应用统计软件SPSS17.0采用旋转的方法，从16个原始变量中提取出主因子，进行居民日常生活质量满意度评价研究。

首先对数据矩阵进行标准化处理并进行相关性验证。巴特利球形检验统计量的Sig. 值为0，由此认为各变量之间存在显著的相关性，可以进行因子分析。通过综合分析和调试，以特征值大于1和累积方差贡献率大于60%为因子分析选择标准，因此提取6个主因子，累计方差贡献率达63.704%（见表6-4）。采用最大方差法进行因子旋转，经过8次迭代完成收敛过程，得到旋转后的因子载荷矩阵（见表6-5），可以反映出与各主因子直接相关的原始变量。

选取的6个主因子，对应的特征值分别为4.189、1.531、1.322、1.094、1.047、1.010、可以计算得出各主因子的贡献率为0.310、0.178、0.146、0.132、0.128、0.106，因此总体满意度评价值可以表示为：

表6－4　特征值及方差贡献率

| 主因子 | 未旋转载入 | | | 旋转平方和载入 | | |
|---|---|---|---|---|---|---|
| | 特征值 | 方差贡献率（%） | 累积贡献率（%） | 特征值 | 方差贡献率（%） | 累积贡献率（%） |
| 1 | 4.189 | 26.181 | 26.181 | 3.159 | 19.746 | 19.746 |
| 2 | 1.531 | 9.569 | 35.749 | 1.817 | 11.355 | 31.102 |
| 3 | 1.322 | 8.265 | 44.014 | 1.493 | 9.328 | 40.430 |
| 4 | 1.094 | 6.837 | 50.851 | 1.344 | 8.397 | 48.827 |
| 5 | 1.047 | 6.544 | 57.395 | 1.303 | 8.146 | 56.973 |
| 6 | 1.010 | 6.310 | 63.704 | 1.077 | 6.732 | 63.704 |

$$F = 0.310 \times F1 + 0.178 \times F2 + 0.146 \times F3 + 0.132 \times F4 + 0.128 \times F5 + 0.106 \times F6 \tag{6-4}$$

由表6－5可见，第一主因子主要与居住状况（X1）、就业状况（X2）、消费质量状况（X5）和社会保障状况（X7）正相关，反映社区及其周边基础设施的配置率，可归结为“人居环境”因子；第二主因子与交通秩序状况（X9）、社区公共服务设施状况（X10）和教育文化场所状况（X13）正相关，可归结为“建设管理”因子；第三主因子与休闲场所状况（X3）、文化活动开展（X14）正相关，可归结为“休闲娱乐”因子；第四主因子主要与社会治安状况（X8）、就医场所状况（X11）、收支压力状况（X16）正相关，可归结为“基础保障”因子；第五主因子与休闲娱乐便利程度（X4）、购物便利程度（X6）和就医便利程度（X12）正相关，可归结为“设施建设”因子；第六主因子与邻居交往状况正相关，可归结为“邻里关系”因子。

表6－5　因子载荷矩阵

| 三级指标 | 主因子 | | | | | |
|---|---|---|---|---|---|---|
| | 1 | 2 | 3 | 4 | 5 | 6 |
| 居住状况（X1） | 0.741 | 0.125 | 0.075 | 0.114 | 0.066 | 0.033 |
| 就业状况（X2） | 0.681 | 0.217 | －0.042 | 0.122 | 0.118 | －0.010 |

续表

| 三级指标 | 主因子 | | | | | |
|---|---|---|---|---|---|---|
| | 1 | 2 | 3 | 4 | 5 | 6 |
| 休闲场所状况（X3） | 0.259 | 0.077 | 0.636 | -0.174 | 0.080 | 0.224 |
| 休闲娱乐便利程度（X4） | 0.063 | -0.054 | 0.49 | -0.034 | 0.582 | 0.007 |
| 消费质量状况（X5） | 0.780 | -0.062 | 0.072 | 0.080 | 0.150 | -0.035 |
| 购物便利程度（X6） | 0.048 | 0.037 | 0.048 | 0.076 | 0.846 | 0.065 |
| 社会保障状况（X7） | 0.723 | 0.220 | 0.094 | 0.058 | -0.042 | -0.137 |
| 社会治安状况（X8） | 0.126 | 0.187 | 0.113 | 0.820 | -0.006 | 0.081 |
| 交通秩序状况（X9） | 0.089 | 0.750 | -0.168 | 0.162 | 0.120 | 0.056 |
| 社区公共服务设施状况（X10） | 0.448 | 0.644 | 0.221 | 0.090 | 0.028 | -0.016 |
| 就医场所状况（X11） | 0.387 | 0.350 | 0.090 | 0.593 | 0.186 | -0.269 |
| 就医便利程度（X12） | 0.210 | 0.371 | -0.030 | -0.096 | 0.483 | -0.089 |
| 教育文化场所状况（X13） | 0.568 | 0.515 | 0.124 | -0.094 | -0.012 | 0.144 |
| 文化活动开展（X14） | -0.045 | -0.034 | 0.730 | 0.333 | -0.119 | -0.130 |
| 邻居交往状况（X15） | -0.061 | 0.044 | 0.048 | 0.075 | 0.027 | 0.928 |
| 收支压力状况（X16） | 0.442 | -0.388 | -0.273 | 0.522 | 0.008 | 0.106 |

注：阴影标示为每项变量归属于某项主因子的选取依据，例如人口密度，在第五个主因子中的值为0.949，在6项主因子中最显著，则将人口密度这个变量视为第五类主因子范围。

（2）计算日常生活质量满意度得分

根据因子分析得出的主因子，采用AHP法客观赋权，得出乌鲁木齐城市居民日常生活质量满意度评价指标体系，确定各级指标客观权重及评价模型。将三级指标系数归一化处理后得出具体权重，得到指标层对于准则层的权重系数（见表6－6）。可得出城市居民日常生活质量满意度计算公式：

$$S = 0.056X1 + 0.046X2 + 0.067X5 + 0.142X7 + 0.083X9 + 0.057X10 + 0.038X13 + 0.088X3 + 0.058X14 + 0.068X8 + 0.027X11 + 0.037X16 + 0.046X4 + 0.035X6 + 0.047X12 + 0.106X15 \quad (6-5)$$

表 6－6　城市居民日常生活质量满意度评价指标体系

| 目标层 | 准则层 | 指标层 | 指标层对目标层权重系数 |
| --- | --- | --- | --- |
| 居民日常生活质量满意度 | 人居环境（0. 310） | X1（0. 179） | 0. 056 |
| | | X2（0. 148） | 0. 046 |
| | | X5（0. 215） | 0. 067 |
| | | X7（0. 458） | 0. 142 |
| | 建设管理（0. 178） | X9（0. 465） | 0. 083 |
| | | X10（0. 319） | 0. 057 |
| | | X13（0. 215） | 0. 038 |
| | 休闲娱乐（0. 146） | X3（0. 606） | 0. 088 |
| | | X14（0. 394） | 0. 058 |
| | 基础保障（0. 132） | X8（0. 515） | 0. 068 |
| | | X11（0. 208） | 0. 027 |
| | | X16（0. 277） | 0. 037 |
| | 设施建设（0. 128） | X4（0. 360） | 0. 046 |
| | | X6（0. 270） | 0. 035 |
| | | X12（0. 370） | 0. 047 |
| | 邻里关系（0. 106） | X15（1. 000） | 0. 106 |

## 二、区域综合实力评价结果

K 均值聚类分析分类结果显示，经济技术开发区（头屯河区）为第一类区，天山区、沙依巴克区、高新技术开发区（新市区）、水磨沟区和米东区为第二类区，乌鲁木齐县为第三类区。最终的类中心点之间的欧氏距离，第一类和第三类的距离最大，为 8. 514，第一类和第二类的距离最小，为 6. 955。

计算出综合得分值后，进行极差标准化，并将其归一化值乘以 100 得到最后的总得分。最终，各区县综合实力得分分别为：相对而言，高新技术开发区（新市区）最高为 100 分，经济技术开发区（头屯河区）为 78 分，米东区为 56 分，天山区为 48 分，沙依巴克区为 40 分，水磨沟区为 35 分，乌鲁木齐县最低为 0 分。

## 三、日常生活便利度评价结果

将城市建成区平均分成n个1平方千米的格网，根据公式（6－2）计算出19种POI子类场所的分布密度，进而计算得出城市平均生活便利度得分及日常生活便利度指数（见表6－7）。乌鲁木齐市中心城区日常生活便利度指数为34.743。各类场所的便利度又有差异，其中消费购物场所的便利度指数最高，为12.674；公共服务场所的便利度指数排名第二，为9.04；就业通勤场所的便利度指数为5.628；文化教育场所的便利度指数为4.14；休闲娱乐场所的便利度指数最低为3.26。

表6－7　乌鲁木齐中心城区平均生活便利度指数计算分析表

| 评价因素 | POI子类 | 1000米设施密度（个/平方千米） | 平均生活便利度分值 |
|---|---|---|---|
| 就业通勤 | 公司企业 | 85.261 | 5.116 |
| | 商业大厦 | 7.564 | 0.454 |
| | 耕地 | 1.949 | 0.058 |
| 休闲娱乐 | 休闲娱乐 | 37.971 | 3.038 |
| | 公园广场 | 1.855 | 0.223 |
| 消费购物 | 宾馆酒店 | 3.212 | 0.064 |
| | 零售行业 | 128.577 | 10.286 |
| | 餐饮服务 | 28.268 | 2.261 |
| | 汽车服务 | 3.125 | 0.063 |
| 公共服务 | 医疗服务 | 74.213 | 7.792 |
| | 交通枢纽 | 0.239 | 0.008 |
| | 加油站 | 0.542 | 0.019 |
| | 金融服务 | 5.165 | 0.181 |
| | 停车场 | 1.343 | 0.047 |
| | 综合信息 | 11.240 | 0.393 |
| | 各级政府 | 16.284 | 0.570 |
| | 电信服务 | 0.835 | 0.029 |
| 文化教育 | 科研教育 | 51.455 | 4.116 |
| | 文化古迹 | 1.203 | 0.024 |

计算POI子类的密度分布时，考虑了场所的规模等级，五类评价因素的密度分布情况存在差异。利用自然断裂法将各类日常生活场所密度分为六类，就业通勤场所、休闲娱乐场所和公共服务场所的密度高值区呈点状分布，密度低值区数量多、分布广；休闲娱乐场所和公共服务场所的中密度区呈现线状分布。消费购物场所和文化教育场所的高密度区均呈现面状连片分布，并且规模等级数量较高，中密度区呈圈层式包围在高密度区周围。

## 四、日常生活质量满意度结果

乌鲁木齐市居民日常生活质量满意度总体得分为3.111。具体六个准则层的满意度又有不同，其中居民认为满意度最高的是基础保障，得分为3.699，因为乌鲁木齐是新疆政治、经济、文化中心，基础保障各方面条件居新疆之首，居民总体感觉社会治安状况良好，在乌鲁木齐生活收支压力相对可接受，医院、药店等就医场所基本满足日常生活需要。满意度排名第二的是设施建设，得分为3.461，这主要反映休闲娱乐、消费购物和求医问药日常活动的便利程度，这些设施建设能满足居民日常生活所需，乌鲁木齐市中心城区面积1435平方千米，常住人口300多万，整体呈现地广人稀态势，因此居民对休闲、购物和就医这些设施建设的满意度较高。建设管理得分为3.295，也高于日常生活总体满意度，说明乌鲁木齐市居民对交通秩序、教育文化场所和社区公共服务设施方面满意度较高。其他三项二级指标均低于日常生活总体满意度，其中休闲娱乐得分为2.581，居民认为休闲场所和文化活动开展方面可提升空间还比较大，因此满意度评分不高。人居环境得分为2.354，乌鲁木齐市居民对居住、就业和社保状况满意度相对不高，认为日常消费质量也是令人担忧的方面。邻里关系得分最低，为1.383，城市居住方式由大院式、单位制向市场化发展后，陌生的邻里关系更为常见，居民虽有交往意愿，但在实际生活中却难以执行，主动交往有难度。

# 第二节　生活空间质量分类评价

## 一、评价方法

各类场所设施间有不同的依赖关系，即关联程度不一致，产生关联或者依赖的原因多样，使场所设施间的关联关系也很复杂。从地理视角来看，一种是场所设施之间由于地理位置比较接近而形成地理上的关联；另一种是因居民日常行为活动而产生的空间关联。例如居民居住—通勤活动，会使居住和就业空间产生关联，居民从居住空间前往休闲空间发生休闲—娱乐活动，会使居住和休闲空间产生关联等。本章讨论的是后一种设施的空间关联。空间成为“相遇的场所”，是各类关系交织与交接的地方[148]。

通过调研问卷形式，反映居民日常生活行为活动特征；通过多环缓冲区分析，反映各类生活空间的服务覆盖范围；采用近邻分析，通过距离因素显示居住空间与其他五类生活空间的关联。近邻分析是 GIS 常用功能，通过以分析对象为原点，搜索邻近对象并计算相互距离。

调查问卷中首先了解调查对象的基本信息、居住、就业、休闲和消费等基本情况；其次调查对收入水平、消费、休闲、公共服务和文化教育的满意度；并涉及邻里关系等方面问题。问卷内容设计主要围绕几个方面：①居民基本社会属性；②居民生活质量调查；③居民邻里交往意愿。调查问卷数据采用 SPSS 统计软件进行分析，基本情况如表 6 - 8 所示。

可将乌鲁木齐市居民的日常生活行为活动归纳为居住—通勤活动、休闲—娱乐活动、购物—消费活动、公共服务—交往活动、教育—文化活动五种类型。居民每类日常行为活动又具有其独特特征，这些行为活动组成了居民日常生活空间的具体内容。居民日常行为活动与城市生活空间关联相互作用形成了

城市生活空间。

表 6-8　居民的人口学特征

| 项目 | 分类 | 样本数 | 比率（%） | 项目 | 分类 | 样本数 | 比率（%） |
|---|---|---|---|---|---|---|---|
| 性别 | 男 | 160 | 53.3 | 教育程度 | 小学及以下 | 4 | 1.3 |
| | 女 | 140 | 46.7 | | 初中 | 26 | 8.7 |
| 民族 | 汉族 | 150 | 50.0 | | 高中/中专/职业高中 | 39 | 13.0 |
| | 维吾尔族 | 102 | 34.0 | | 大专 | 64 | 21.3 |
| | 哈萨克族 | 18 | 6.0 | | 本科 | 138 | 46.0 |
| | 回族 | 27 | 9.0 | | 研究生 | 29 | 9.7 |
| | 其他 | 3 | 1.0 | 个人平均每月收入（元） | 1500 及以下 | 21 | 7.0 |
| 职业 | 公务员 | 43 | 14.3 | | 1500～3000 | 71 | 23.7 |
| | 企事业管理人员 | 50 | 16.7 | | 3000～5000 | 108 | 36.0 |
| | 专业/文教技术人员 | 70 | 23.3 | | 5000～10000 | 81 | 27.0 |
| | 服务/销售/商贸人员 | 35 | 11.7 | | 10000 以上 | 19 | 6.3 |
| | 工人 | 29 | 9.7 | 在乌鲁木齐市的居住年限 | 1 年以内 | 11 | 3.7 |
| | 农民 | 1 | 0.3 | | 1～3 年 | 25 | 8.3 |
| | 军人 | 1 | 0.3 | | 4～5 年 | 25 | 8.3 |
| | 离退休人员 | 11 | 3.7 | | 6～10 年 | 46 | 15.3 |
| | 学生 | 20 | 6.7 | | 11～15 年 | 43 | 14.3 |
| | 其他 | 40 | 13.3 | | 15 年以上 | 150 | 50.0 |

## 二、就业空间评价结果

居住与就业是居民日常生活中的两大活动要素，中国城市快速空间重构的背景下，职住平衡问题是重要议题，如何通过调整住房、就业与交通等相关政策解决这一问题亦受到广泛关注。居民居住和就业地点及时间相对稳定，因此通勤行为具有常态化和固定性特点。一般而言，通勤占用居民绝大部分时间和精力，其时间分配和空间范围影响居民其他行为活动的安排和选择，例如通勤时间过长因而压缩休闲、购物活动时间或缩短距离，在上下班途中顺便开展其他活动，这些势必对居民的生活空间及生活质量产生影响[149]。近年来，随着城市面积不断扩展，居住地与就业地的距离也不断增长，居住—就业的空间不匹配开始凸显，进而导致产生一系列社会问题[150]。同时就业人口的多中心性逐渐增强，城市主中心、就业次中心和人口次中心共同构成多中心的城市空间体系[151]。由于住宅地价、职住合一的单位制生活空间模式被打破等多种原因，城市居民逐渐实现居住分离[152,153]；通勤时间的影响因素及公共租赁住房居民存在空间错位现象[154]；同时由于社会阶层在空间上产生分异，由社会区分析可见不同社会属性居民的通勤空间发生巨大改变[155,156]。

1. *居民居住—通勤行为特征*

对乌鲁木齐市居民通勤工具分析可见（见图6－1），通勤主要以公交车和私家车为主，两者比例都在30%以上。首先，这一表现反映出居民通勤距离普遍较远，且原先单位制的居住模式被打破，因此不具备单位车的居民较多，公交车、私家车等成为上班出行的首选。其次，反映出乌鲁木齐市拥有私家车的家庭不断增多，在城市交通压力不甚巨大的前提下，私家车是通勤的较好选择。另外，由于乌鲁木齐市公共交通尚不完善，地铁于2019年开通1号线，道路未设计自行车道，因此自行车、摩托车和电动车等在乌鲁木齐市基本没有选择可能。在地铁开通前，乌鲁木齐市的交通压力将越来越大。

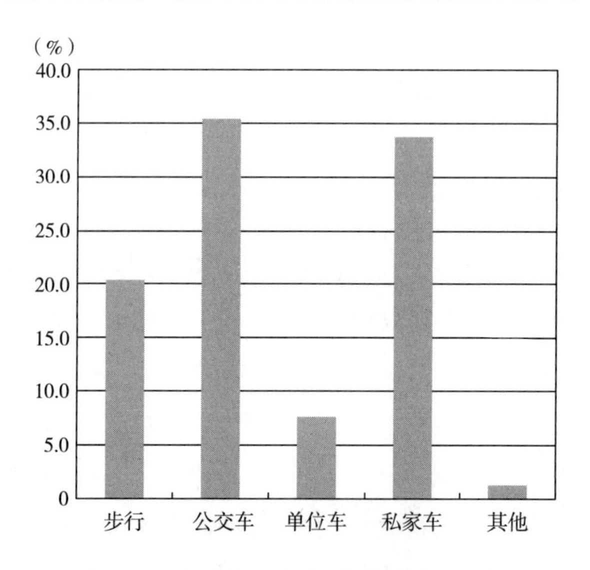


**图6－1　乌鲁木齐市居民通勤工具的选择**

通勤时间的长短直接体现效率水平，是影响生活质量的重要因素。从整体情况来看（见图6－2），乌鲁木齐市居民到工作地所需的时间在10～30分钟，合计高达60%，其中，20～30分钟的占31.7%。按照乌鲁木齐目前交通路网的通行状况，时速参照30千米/小时，10～30分钟的距离为5000～1500米；在乌鲁木齐市中心城区交通相对密集且城市总面积不大的背景下，居民居住与通勤仍存在一定分离现象。乌鲁木齐市居民整体生活水平有很大提升，这一点在居民收入水平方面也得以体现，37%的居民认为对自己的收入较为满意，只有17.9%的居民认为不满意或不太满意。通勤效率在经济条件允许的情况下，得以极大提升。

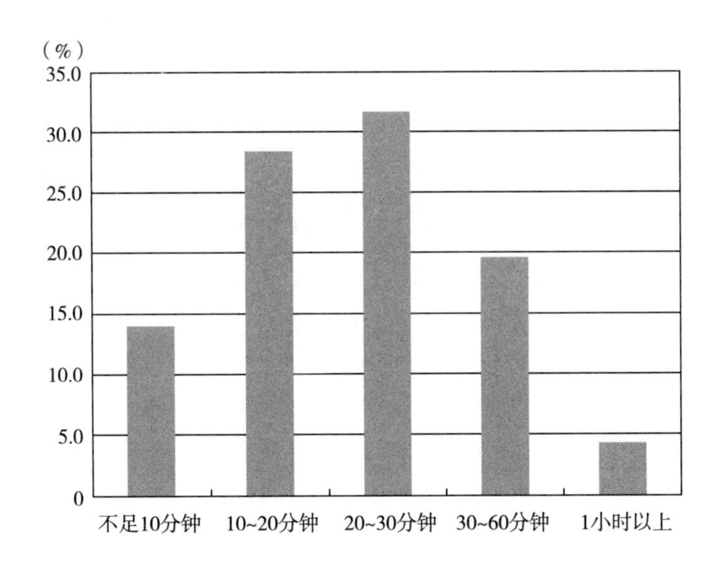


**图6－2　乌鲁木齐市居民通勤需要的时间**

对公交车和私家车这两类选择较多的通勤方式，进行居民社会属性交叉分析，结果显示：以公交车方式通勤的居民男女比例差异不大，学历方面大专和本科为主，两者合计占一半以上，达66.04%；月收入则以1500～5000元/月以下为主，达71.7%；职业构成方面则以专业/文教技术人员为最多，比例为29.25%。以私家车方式通勤的居民其社会属性则有不同，首先以男性为主，比例为68.32%；学历方面以本科学历者居多，接近一半；月收入方面5000～10000元/月和10000元/月以上居民比例明显提升，比例达54.46%；职业构成以企事业管理人员为最多，比例为24.75%。由此可见，不同社会属性居民其通勤方式有很大差异，职业构成和经济收入是影响通勤方式的重要因素。

2. 就业空间近邻及缓冲区分析

居民居住—通勤活动一般较少考虑距离因素，除耕地呈现主要分布在居民点周围的特征外，其他就业场所（尤以第二、第三产业）分布主要因素为用地类型、地价及政府规划等。居住空间到就业空间距离在2000米以内的为大多数，占74.15%；最大距离为7289米，距离居住空间较远的单元主要在城市边缘区；其中到一个居住空间最多的就业空间单元数为41个，位于沙依巴克区的长胜西街道，周边广泛分布以耕地为主的就业空间，仅有一个三级居民点，因此关联的就业空间单元较多。近邻分析显示，运用ArcGIS以1000～4000米服务半径对就业空间做多环缓冲，整体上，可见就业空间的服务范围基本实现全覆盖。在服务居住单元数量上，1000米半径覆盖居住单元最多220个（73.8%），2000米66个（22.1%），3000米10个（3.4%），4000米2个（0.7%）。这主要因为就业空间中数量最多的单元以耕地为主（70.5%），这部分单元是由1平方千米的网格转换而得，因此耕地为主的就业空间单元覆盖居民区也相对较多，但实际上以耕地类型为主的居民均为第一产业行业人员，居民区的规模等级均相对较小；而就业空间单元以第三产业为主的区域则主要在城市核心区，服务的居民数量众多，居民区规模等级也较高。

## 三、休闲空间评价结果

休闲空间是主要为市民提供娱乐等休闲活动的承载空间，是反映城市生活空间质量的重要指标。休闲的本质在于人们从时间、行为和心理上能够自由支配和选择，广义的休闲活动相当于游憩，狭义的休闲活动则包括日常休闲活动和一日旅游活动，我国又将其分类为消遣型和发展型，并建立了休闲活动的综合分类体系[35]。休闲空间通过场所使人们的休闲行为活动得以实施[157]，其功

能属性就是为居民提供游憩功能。休闲行为的外在形式就是休闲活动，其分类多种多样，可根据目的分为娱乐型休闲、商务型休闲和综合型休闲，按照健康道德标准分为健康型休闲和放纵型休闲，按照活动场所不同分为家庭型休闲、社区型休闲和其他户外休闲，按照活动方式与内容不同可分为观赏型休闲和参与型休闲等[158]。根据休闲功能，又可分为保健性休闲、娱乐性休闲、餐饮性休闲、情感性休闲、知识性休闲和旅游性休闲[159]。

1. 居民休闲—娱乐活动特征

乌鲁木齐市居民的休闲活动相对较少，一周多次、一周一次和两周一次合计为 41.7%，还不到调研人数的一半；大部分为一月一次，甚至没有（见图 6－3）。本章将休闲活动分为娱乐型、体育健身型和学习发展型，其中娱乐型按照场所、活动方式和内容可分为游戏趣味型、购物消费型、聊天谈话型和游憩型四类。乌鲁木齐市居民多以娱乐型休闲活动居多，体育健身型和学习发展型比例极少。其中，以聊天谈话型休闲比例最高，为 45.65%，其活动场所主要在家中，活动形式主要以做家务、照看子女和老人，以及与朋友聚会和聊天为主；其次为游戏趣味型休闲，占比 28.81%，其活动形式以逛公园和旅游爬山等为主。同时外出休闲娱乐活动可接受的距离也以为 15～60 分钟车

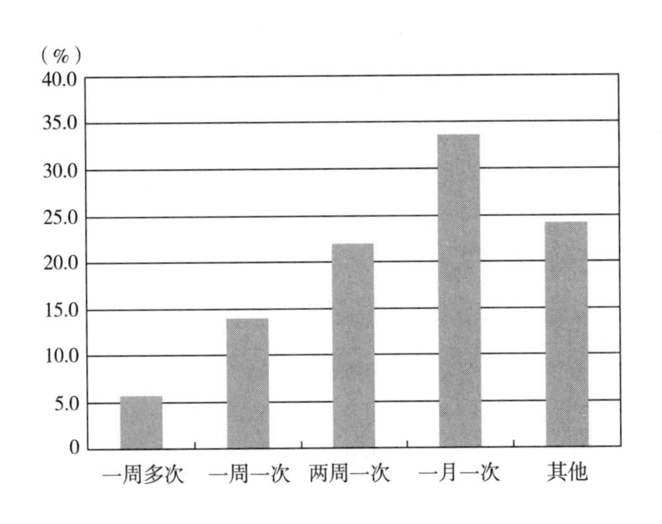


**图 6－3　乌鲁木齐市居民休闲活动的频率**

程为主，其中 15～30 分钟车程为 29.7%，30～60 分钟车程为 47%（见图 6－4）。反映出乌鲁木齐市居民的休闲活动形式单一，以家庭为主；虽可接受距离较远的游憩型休闲活动，但日常多选择距离较近的场所休闲。

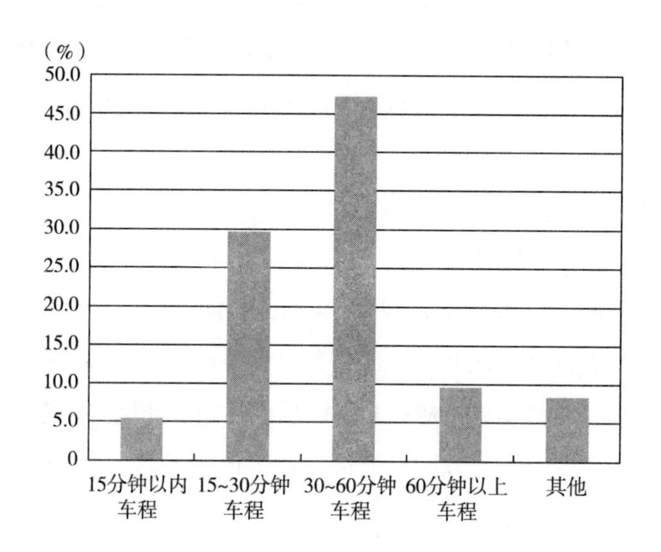


**图 6－4　乌鲁木齐市居民休闲活动的时间距离**

居民休闲活动时间距离选择较多的 15～30 分钟车程和 30～60 分钟车程，进行居民社会属性交叉分析，结果显示：休闲活动的性别差异不大，学历方面表现出学历越高，越趋向于选择远距离休闲活动，尤以本科学历体现得最为明显，外出休闲娱乐活动距离在 30～60 分钟车程的本科学历居民比例达 46.8%；月收入方面对休闲活动距离影响差异不大，主要以 3000～5000 元/月的中等收入人群为主，结合居民以聊天谈话型和游戏趣味型活动为主要选择，其休闲活动表现出花费时间不长，且更多以交际为主的特点。

2. 休闲空间近邻及缓冲区分析

休闲空间到居住空间距离在 2000 米以内的占 81.8%；最大距离为 4429 米，距离较远单元集中在城市东部水磨沟区的榆树沟街道哈莫东区的芦草沟乡。近邻分析显示，确定服务半径为 1000～4000 米做多环缓冲区，4000 米半

径服务居住单元为83.2%；整体上可见休闲空间呈稀疏成团现象，连片区域较少，城市边缘区分布相对较多。无法覆盖区域较多，城市核心区、边缘区均有涉及。城市核心区沙依巴克区的西山、雅玛里克山、长胜东街道，天山区的燕儿窝、幸福路、红雁街道均有未覆盖的居住空间单元；城市边缘区则主要在乌鲁木齐县的萨尔达坂乡，头屯河区的乌昌、王家沟街道，米东区古牧地东路、铁厂沟镇、芦草沟乡等地。这种现象与休闲空间的特殊属性有关，游憩型为主的大规模休闲活动场所因地价、自然环境等条件限制，一般都分布在城市外围。因此，乌鲁木齐居民的休闲活动频率整体不高，且以花费时间不长的交际行为为主。在服务居住单元数量上，1000米半径覆盖居住单元32个（12.9%），2000米85个（34.3%），3000米84个（33.9%），4000米47个（19%），显示休闲场所一般服务的居民以距离稍远为主。在服务区域上，在城市边缘区覆盖面较广，城市核心区相对集中。在服务等级上，有别于其他类型生活空间，1000米半径服务区的居住空间单元等级规模总量最低；3000米半径服务区的居住空间单元等级规模最高，居民人口数量多，主要以大、中型住宅小区为主；2000米和4000米半径服务区的居住空间单元等级规模较低，人口相对少。

## 四、消费空间评价结果

购物消费行为在居民日常生活中占据重要地位，居民的收入水平和生活理念决定着消费方式的不同，消费空间及行为研究是城市生活空间研究的重要组成部分。基于居民购物行为调查显示，居民的社会属性特征对购物出行模式决策具有显著影响，例如性别、经济收入等，同时时间距离因素极大地影响着居民购物行为[160]。服务区分析对于零售行业选址意义重大，关于大型超市的服务区范围研究较多。蔡军等认为我国大型超市服务半径应大于或等于1.5千米，较为适宜的服务人口数为15万人/家[162]；嵇昊威等通过缓冲区分析，得出南京大型超市服务半径为700米[162]；程林等以0.04平方千米的网格为空间单元，通过ArcGIS网络分析法对长春市大型超市进行分析，认为服务区面积平均为 7.56 平方千米，人口规模平均为 98525 人，平均距离为 1640.6 米[163]。

1. 居民购物—消费活动特征

乌鲁木齐市居民对自己的收入水平普遍感觉较为满意，不太满意及不满意比例仅为 17.8%，不满意的主要在于行业收入差别大和认为收入的税收调节不合理；收支压力方面，乌鲁木齐市居民感觉一般的近一半，而有点吃力占 30.4%，不大和没有压力占 12.5%（见图 6－5），这与收入水平有直接关系，同时体现出乌鲁木齐市的消费水平较高，尽管对收入满意，但在消费过程中依然会有近 1/3 的居民感觉有点吃力。对于感觉支出大的原因进行分析，主要在于物价上涨快，该项比例达 43.32%；另外还房贷或车贷压力大和孩子教育投入多是次要原因，两项合计占 34.48%。居民在购物消费中普遍认为大宗消费品价格过高，近一半的被调查者认为住房价格过高，乌鲁木齐中心城区二手房房价（非学区房）早在 2014 年就在 7000～10000 元/平方米，并呈逐年稳步上涨的态势，学区房则在 12000 元/平方米以上；其次是汽车，占比 22.46%，其余日常生活消费方面则认为医疗服务及药品和教育服务两类价格过高，占比分别为 15.76% 和 7.79%，体现出医疗、教育这些公共服务、文化服务的普及性还有待加强。消费活动多集中在 60 分钟车程以内，且以 30 分钟以内车程为主，占比为 55.3%，60 分钟车程以上非常少，为 2.7%（见图 6－6）。可见，

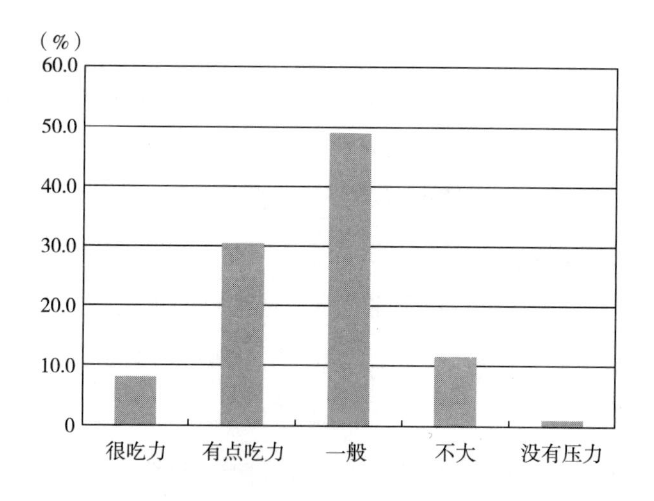


图 6－5　乌鲁木齐市居民的收支压力

消费活动体现了日常生活的方便原则，距离是消费选择的重要影响因素。这与消费活动购买的产品有直接关系，一般性生活用品，大多就近购买，或集中在附近大型超市或商场购买；大宗商品则会不考虑距离，而选择质量、价格优先。

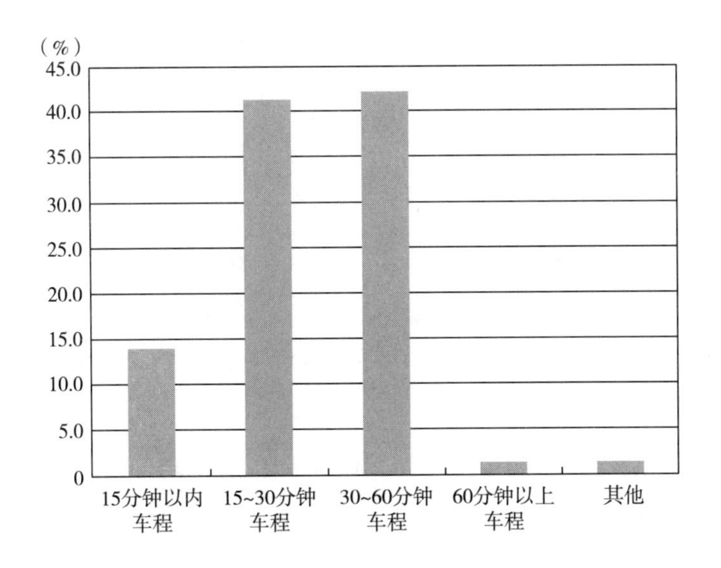


**图 6-6　乌鲁木齐市居民消费活动的时间距离**

居民消费活动与居民社会属性交叉分析显示：男性远距离购物的比例大于女性；另外拥有私家车的居民更易于接受远距离购物，购物消费场所距离在15～30分钟车程的居民月收入大多在3000～10000元/月，占比62.9%，私家车拥有比例为43.6%；而距离在30～60分钟车程的居民月收入大多在1500～5000元/月，占比69%，私家车拥有比例为19.5%。产生这一现象的原因是低收入居民会选择公交出行的方式远距离购物，较多考虑商品成本，却不计时间成本；而高收入居民则更看重购物行为的时间成本，因此会选择短距离购物。

2. 消费空间近邻及缓冲区分析

消费空间到居住空间距离在2000米以内的占98.27%，消费空间呈现紧密围绕居住空间分布的特征；最大距离为4472米，距离较远单元集中在乌鲁木齐县的萨尔达坂乡、头屯河区的头屯河街道和天山区的红雁街道，这些区域的消费服务能力有待进一步提升。近邻分析显示，确定服务半径为 1000 ~ 4000 米做多环缓冲区，整体上，可见消费空间呈密集成团于城市核心区，稀疏成团于城市边缘区；服务范围仍有一些街道无法实现全覆盖，4000 米半径服务居住单元达 89.9%。无法覆盖区域例如头屯河区的乌昌路街道，仍有 3 个居住空间单元不在 4000 米缓冲区内，王家沟街道 1 个；新市区的六十户乡 2 个，青格达湖乡 1 个，安宁渠镇 2 个；米东区古牧地镇 6 个，铁厂沟镇 2 个，芦草沟乡 3 个；水磨沟区榆树沟街道 2 个；天山区红雁街道 3 个；沙依巴克区长胜西街道 4 个，炉院街街道 1 个。这些区域有分布的消费空间场所，但数量和规模等级均较小，可以满足日常所需，但质量高或者大件物品却难以购买。在服务居住单元数量上，1000 米半径覆盖居住单元最多 157 个（58.6%），2000 米 43 个（16%），3000 米 44 个（16.4%），4000 米 22 个（0.9%），显示消费场所以满足居民日常消费为主，紧密围绕在居住区 1000 米以内周边的特点。在服务区域上，在城市边缘区稀疏成团，在城市核心区即新市区、水磨沟区、天山区、沙依巴克区四区交汇处密集成团，呈现居住空间内居民经济水平越高，周边消费空间服务能力越强的特征。在服务等级上，呈现服务能力随距离递减态势，1000 米半径服务区的居住空间单元等级规模最高，居民人口数量多，主要以大、中型住宅小区为主；2000 米和 3000 米半径服务区的居住空间单元等级规模明显降低，人口相对少；4000 米半径服务区的居住空间单元等级规模最低，人口数量亦较少。

### 五、公共服务空间评价结果

基本公共服务设施内容丰富、类型多样，是公共服务功能的物质载体，是基本公共服务从资源到结果转化的中间媒介[164]。公共服务的“公共”强调的就是公共服务提供的自由、平等准则，但我国仍存在不同区域、不同城市公共服务配置不均等的情况[165,166]。究其原因，一方面是公共服务设施总量不足、质量不高和分布不均衡；另一方面则是因为供需市场的现实关系以及居民的环

境心理变化，产生了资源浪费和重复建设。从已有研究成果来看，学界并未就如何理解基本公共服务的概念达成共识，本章认为公共服务包括社会保障、社会治安、交通服务、金融服务、医疗服务和社区服务等多项内容。其中尤以医疗服务最为基础，因其直接关系到公众的身体健康，是公众的最基本需求。

1. 居民公共服务—交往活动特征

乌鲁木齐市居民在社会保障水平方面，有近一半的居民认为医疗保险服务方面是日常生活中最不满意的，占比43.6%；其次是住房公积金方面，占比26.2%（见图6-7）。可见，医疗服务是居民最为看重的公共服务。居民就医问题主要是医疗设施分布不均衡引起，居住区周边医疗机构少和到大医院不方便是主要不满意的方面。乌鲁木齐市居民选择看病的医院距离调研显示，以30分钟以内为主，达被调查者的55.6%，其中15~30分钟车程为最高，为42.8%（见图6-8）。

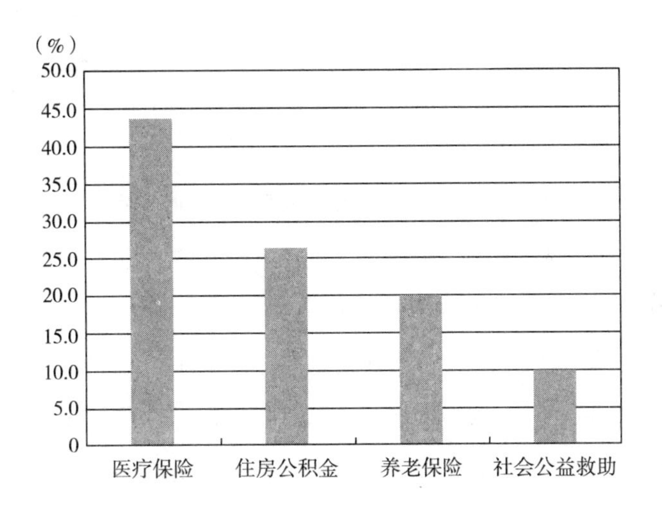


图6-7　乌鲁木齐市居民社会保障不满意方面

社会治安方面，遭遇家庭或社区被盗、公共场所失窃和被诈骗等不安全事例的居民占52.03%；交通秩序方面严重影响交通秩序和效率的因素是红绿灯路口的问题，行人乱穿马路占比31.34%，路口交通秩序混乱占比20.56%。

对于其他公共服务水平，不满意的方面主要集中在对政府部门作为方面：居民认为遇到问题不知道该向谁反映情况和公交车太拥挤、线路不方便是影响日常生活的重要因素。

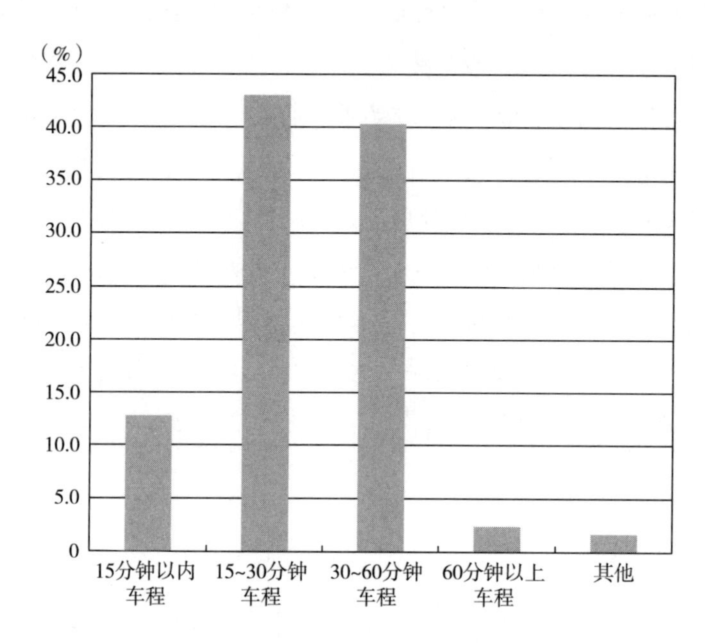


**图 6-8　乌鲁木齐市居民就医活动的时间距离**

2. 公共服务空间近邻及缓冲区分析

公共服务空间到居住空间距离在 2000 米以内的占 96.7%，亦呈现全面覆盖围绕居住空间分布的特征；最大距离为 3832 米，距离较远单元呈分散状态分布于城市边缘区，如头屯河区的乌昌路街道、王家沟街道，天山区的红雁街道，新市区的青格达湖乡，米东区的铁厂沟镇等，表现出半城市化地区公共服务配套设施相对不完善的特征。近邻分析显示，确定服务半径为 1000～4000 米做多环缓冲区，整体上，可见公共服务空间服务范围基本实现全覆盖，4000 米半径服务居住单元达 98.7%；城市核心区实现密集成团覆盖，城市边缘区尤以头屯河区、新市区、米东区的半城市化地带，也基本实现稀疏全覆盖。无

法覆盖区域仅有新市区的六十户乡 2 个，米东区铁厂沟镇 2 个，值得注意的是，头屯河区王家沟街道有一个居住空间单元出现了服务交叉遗漏区。这些区域的居民日常开展公共服务活动，需要前往的场所距离稍远，相对不便利。在服务居住单元数量上，1000 米半径覆盖居住单元最多 144 个（49%），2000 米 99 个（33.7%），3000 米 41 个（13.9%），4000 米 10 个（0.34%），显示公共服务场所以满足居民日常需求为主，紧密围绕在居住区 1000 米以内周边的特点，例如门诊、药店、银行网点等场所基本分布在居住区周围；在服务区域上，在城市边缘区稀疏覆盖，在城市核心区即新市区、水磨沟区、天山区、沙依巴克区四区交汇处密集成团，呈现公共服务强调保障民生，基本实现全覆盖的特征；在服务等级上，呈现服务能力随距离递减态势，1000 米半径服务区的居住空间单元等级规模最高，居民人口数量多，主要以大、中型住宅小区为主，公共服务场所的等级规模也较高，以大型医院、自治区级单位等服务能力强的类型为主；2000 米和 3000 米半径服务区的居住空间单元等级规模明显降低，人口相对少，公共服务场所主要以中等级医院、市级厅局级单位等类型为主；4000 米半径服务区的居住空间单元等级规模最低，人口数量亦较少，公共服务场所主要以低等级医院、门诊、药房、村委会、电信服务小店等场所为主。

### 六、文化空间评价结果

文化空间可分为文化消费场所、教育公益场所和宗教信仰场所三类。随着经济文化全球化时代的到来，书吧、培训机构、文化传媒场馆和创意产业园等文化消费场所，具有经济交换和文化承载的双重功能。这种文化承载功能，是通过场所开发者对文化进行形式内容上的包装和操控，然后以消费者的感知体验、认同与传播而实现文化再现[101]。教育公益场所和宗教信仰场所亦是文化传播的重要途径，本章从居民前往教育和文化场所（包括宗教场所）实施学习、文化感知活动的角度来表征文化再现。

1. 居民教育—文化活动特征

居民对生活中的文化教育方面感到不满意，主要是认为学校教育资源不均衡，校际直接教育质量差距大；政府公共培训机构少或规模小和学前教育资源紧张，三者合计比例达61.27%。在学校资源紧缺且分布不均衡的背景下，居民子女就读学校的选择原因就主要考虑距离因素，就读于离家近的学校比例为35.3%。居民的其他文化活动（参观艺术区、文化传媒场馆、创意产业园等和宗教信仰活动）频率较低，一周一次的频率仅占5.4%，大多在一月一次甚至几月一次，两者比例合计59.5%（见图6-9）。究其原因，一方面是社会公共文体设施太少，日常可参与的文体活动不多；另一方面是文化消费场所相对较少且分布不均衡。

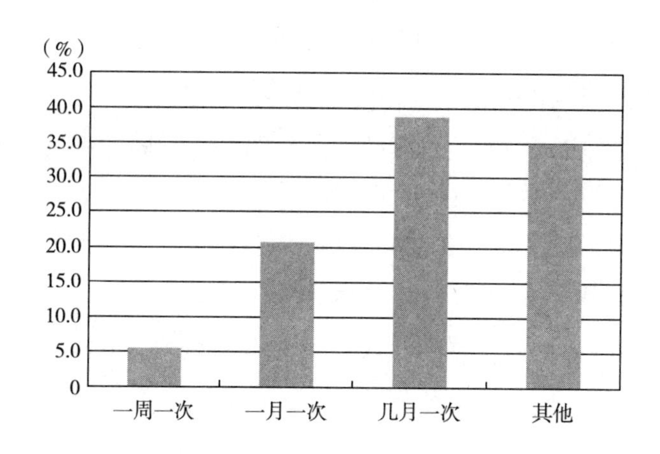


**图6-9　乌鲁木齐市居民文化活动的频率**

2. 文化空间近邻及缓冲区分析

居民文化—教育活动一般按就近原则选择，例如调研中子女就读学校选择，大多为离家近，因此该项场所设施的设计也主要考虑在居住区附近（尤以幼儿园、小学、中学表现突出）。文化空间到居住空间距离在2000米以内的占96.88%，呈现围绕居住空间分布的特征；最大距离为3162米，距离较远单元呈分散状态分布于城市边缘区，如头屯河区的乌昌路街道，新市区的安宁渠镇，米东区的芦草沟乡，天山区的红雁街道，表现出与公共服务空间相似的特征。根据近邻分析，确定服务半径为1000～4000米做多环缓冲区，整体上，

文化空间服务范围基本实现全覆盖，4000 米半径服务居住单元可达 91.3%；呈现城市核心区密集覆盖、城市边缘区稀疏覆盖的特点。无法覆盖区域例如头屯河区的乌昌路街道，仍有 6 个居住空间单元不在 4000 米缓冲区内；米东区铁厂沟镇 3 个，芦草沟乡 4 个；沙依巴克区长胜西街道 3 个，长胜南街道 1 个，长胜东街道 3 个。这些区域大多是以第一产业为主的区域，分布的文化空间场所以学校为主，数量和规模等级均较小，但服务的范围却非常大。一方面是因为资源分配不均衡，另一方面也是因为人口相对较少，难以形成规模效应。在服务居住单元数量上，1000 米半径覆盖居住单元 69 个（25.4%），2000 米最多 112 个（41.2%），3000 米与 1000 米一致 69 个（25.4%），4000 米 22 个（0.81%），说明 2000 米距离是居民文化教育活动的高频区；在服务区域上，在城市边缘区如头屯河区、米东区、水磨沟区、沙依巴克区稀疏成团，在城市核心区即新市区、水磨沟区、天山区、沙依巴克区四区交汇处密集成团；在服务等级上，呈现服务能力随距离递减态势，1000 米和 2000 米半径服务区的居住空间单元等级规模高，居民人口数量多，主要以大、中型住宅小区为主；3000 米半径服务区的居住空间单元等级规模明显降低，人口相对少；4000 米半径服务区的居住空间单元等级规模最低，人口数量亦较少。

## 本章小结

1. 整体评价小结

通过区域综合实力对生活空间进行发展基础和背景评价；通过计算日常生活便利度指数对生活空间从结构性视角进行供给水平评价；通过计算日常生活满意度对生活空间从整体性视角进行居民需求评价。整体性评价结果显示：乌鲁木齐综合实力可分为三类，第一类和第三类距离最大；高新技术开发区（新市区）综合实力最高，依次为经济技术开发区（头屯河区）、米东区、天山区、沙依巴克区、水磨沟区，乌鲁木齐县最低。

乌鲁木齐市中心城区日常生活便利度指数为34.743。各类场所的便利度又有差异，其中消费购物场所的便利度指数最高，为12.674；公共服务场所的便利度指数排名第二，为9.04；就业通勤场所的便利度指数为5.628；文化教育场所的便利度指数为4.14；休闲娱乐场所的便利度指数最低，为3.26。各类场所的密度显示：就业通勤场所、休闲娱乐场所和公共服务场所的密度高值区呈点状分布，密度低值区数量多、分布广；休闲娱乐场所和公共服务场所的中密度区呈现线状分布。消费购物场所和文化教育场所的高密度区均呈现面状连片分布，并且规模等级数量较高，中密度区呈圈层式包围在高密度区周围。

乌鲁木齐市居民日常生活质量满意度总体得分为3.111。其中居民认为满意度最高的是基础保障，得分为3.699，基础保障各方面条件满足日常生活需要。满意度排名第二的是设施建设，得分为3.461，反映休闲娱乐、消费购物和求医问药日常活动的便利程度尚可；建设管理得分为3.295，乌鲁木齐市居民对交通秩序、教育文化场所和社区公共服务设施方面满意度较高。其他三项二级指标均低于日常生活总体满意度，其中休闲娱乐得分为2.581，居民认为休闲场所和文化活动开展方面可提升空间还比较大；人居环境得分为2.354，乌鲁木齐市居民对居住、就业和社保状况满意度相对不高；邻里关系得分最低，为1.383，陌生的邻里关系使得居民虽有交往意愿，但在实际生活中却难以执行，主动交往有难度。

2. 分类评价小结

通过以居住空间为原点，对就业、休闲、消费、公共服务和文化五类空间做分类评价。具体为分析居民从居住空间到其他各类空间的日常行为活动特征，以及居住空间与其他各类空间的距离关联和服务区范围。从居民行为视角可将活动类型归纳为居住—通勤活动、休闲—娱乐活动、购物—消费活动、公共服务—交往活动、教育—文化活动五种类型。各类生活空间通过居民的行为活动在场所相遇，从而产生空间关联，通过对各类生活空间近邻和缓冲区分析

表明：相关联的空间最大直线距离以就业空间最远，文化空间最近；与居民日常行为活动有一定对应性。

五类空间评价结果具有一定差异：就业空间是居民居住—通勤活动的主要发生地，一般较少考虑距离因素。乌鲁木齐居民通勤时间一般在 10～30 分钟，通勤工具主要以公交车和私家车为主；不同社会属性居民其通勤方式有很大差异，职业构成和经济收入是影响通勤方式的重要因素。整体上看，就业空间到居住空间的最大距离为 7289 米，且距离居住空间较远单元主要在城市边缘区。就业空间服务范围基本实现全覆盖，第一产业行业人员覆盖面积较广；第三产业为主的就业空间服务的居民数量多且居住区规模等级高。

休闲空间是居民休闲—娱乐活动的集中区。乌鲁木齐市居民的休闲活动频率低，可接受距离较远的游憩型休闲活动；休闲活动形式单一，以家庭为主，多选择花费时间不长，以交际为主的活动类型。整体上看，休闲空间到居住空间最大距离为 4429 米，呈现稀疏成团现象，连片区域较少，城市边缘区分布相对较多。休闲空间场所一般服务的居民以距离稍远为主，在服务等级上有别于其他类型空间，呈现 3000 米服务半径的居住空间单元等级规模最高，2000 米和 4000 米为中等规模居住空间单元，1000 米的居住空间单元规模最低。

消费空间是居民购物—消费活动的主要发生地。乌鲁木齐居民收支相对不平衡，消费活动体现方便原则，距离是消费选择的重要影响因素；购买一般性生活用品多就近购买，大宗商品则质量、价格优先。整体上看，消费空间到居住空间最大距离为 4472 米，紧密围绕居住空间分布，呈密集成团于城市核心区，稀疏成团于城市边缘区，基本实现全覆盖。消费空间场所以满足居民日常消费为主，紧密围绕在居住区 1000 米以内周边区域；同时服务能力随距离递减，呈现居住空间内居民经济水平越高，周边消费空间服务能力越强的特征。

公共服务空间是居民公共服务—交往活动的主要发生地。乌鲁木齐居民在社会保障、社会治安和公共服务水平方面基本满意，但仍存在场所设施分布不均衡引起的便利度较低问题。整体上看，公共服务空间到居住空间最大距离为 3832 米，呈全面覆盖居住空间单元，但半城市化地区配套相对不完善特征。

公共服务空间以满足居民日常需求为主，紧密围绕在居住区 1000 米以内周边区域；呈现服务能力随距离递减态势。

文化空间是居民教育—文化活动的主要发生地。乌鲁木齐居民普遍认为学校教育资源不均衡，且参与其他文化活动频率较低。整体上看，文化空间到居住空间最大距离为 3162 米，围绕居住空间周边区域分布，服务范围基本实现全覆盖。文化空间场所在城市核心区密集成团；部分以第一产业为主的城市边缘区，文化空间场所数量和规模等级较小，但服务范围却非常大；同时呈现服务能力随距离递减态势。

# 第七章 乌鲁木齐城市生活空间优化的政策建议

社会主义和谐社会强调公平、公正，城市生活空间的场所配置上需要兼顾公平和效率，协调发展是城市发展的核心要义[107]。要求以打造良好生态环境、保证生活空间质量为原则，注重生态环境与开敞空间的有机融合、注重功能分区与多种空间的优化组合、注重安全防卫和邻里活动空间的合理设置、注重服务设施的完善与生活空间的综合利用，充分体现对人的关怀，坚持以人为本，大处着眼，整体设计，不断优化和改善人居环境[167]。城市生活空间作为居民日常生活行为的空间载体，社区形式的居住模式与具有相对差异的生活行为导致城市生活空间分类与分层式组合，如何在社会公平与空间公正理念下，实现保障民生、生活富裕的目标，需对城市生活空间作进一步优化，其核心是优化城市各类资源的合理化空间配置。根据第四章乌鲁木齐城市生活空间组织研究得出的结构和模式特征，与第五章形成机理的影响因素及作用路径，作为优化基本依据，结合第六章城市生活空间质量评价情况，以问题为导向，以公平性、发展性为原则，对乌鲁木齐城市生活空间发展提出具体优化策略。

# 第一节　生活空间优化原则

## 一、公平性原则

公平性研究中，“公平”和“均等”是目前社会地理学研究中常用到的概念，两者存在一定差异。“公平”通常是指公共服务或者公共资源分配是否公平，这种公平不仅限于在空间上是否平均分布，还要考虑居民在资源可获性上的相对平等。“均等”则是指每个人或研究区的每个单元，享受到的设施等可提供的服务机会和额度在一定程度上基本相同[168]。“公正”和“公道”则不强调绝对意义上的相等，而是侧重于从法律、伦理和社会价值等层面进行解释[169,156]。

城市生活空间公平性原则即可定义为社会公正与空间公平。城市不同阶层、不同类型（特殊群体、老年群体等）居民能够从社会公正角度来实现获取社会资源配置上的平等；不同等级居住空间可在空间上实现面向其他类型生活空间在场所设施服务水平上的相对平等。

## 二、发展性原则

城市生活空间发展具有双重含义：一是空间结构的整合提升，二是生活方式的生态转型。前者是指生活空间形式及其发展方向，要解决的问题是“城市居民在哪里居住和生活”；后者是指生活空间内涵及其发展模式，要解决的问题是“城市居民如何居住和生活”。

以宜居适度为总体目标，以以人为本为具体要求，结合乌鲁木齐物质空间基础、社会空间特征以及生活空间场所现状格局，乌鲁木齐城市生活空间结构模式特征，提出生活空间发展性原则。首先，科学发展与创新发展相结合。科

学发展的本质是尊重自然环境的客观规律性，创新发展的内涵是强调主观能动性。坚持创新发展，就是要在发展基础相对薄弱、生态环境相对脆弱的背景下，通过针对乌鲁木齐的区域特殊性，制定政策、宏观调控，实现居民安居乐业、宜居适度，提升居民生活便利度。其次，绿色发展与人文发展相结合。绿色发展强调关注自然环境的发展，人文发展强调以人为本的发展。乌鲁木齐市生态环境脆弱，必须坚持绿色发展，人口迁移需综合考量环境承载力，合理布置配套设施；乌鲁木齐市人口属性和社会阶层成分相对多样，更要坚持人文发展。通过实施约束转化，倡导文化认同和身份认同，引导居民的日常行为活动，实现绿色发展与人文发展的有机统一。

## 第二节 生活空间优化导向

### 一、提升居民日常生活便利度

乌鲁木齐日常生活便利度分析表明，消费购物场所和公共服务场所的便利度指数相对较高，两类场所的覆盖面较广；但就业通勤场所、文化教育场所和休闲娱乐场所的便利度指数偏低，导致交通问题日益凸显，已经明显影响到居民日常生活。第一，职住空间距离太远，通勤时间过长，会增加居民日常生活的成本和负担，尤其是乌鲁木齐现代交通体系还不完善，出行便利程度有待进一步提高。乌鲁木齐市内交通工具以公交车、私家车为主。居民通勤选择公交出行，距离稍远或者公交线路设计原因可能还需要换乘，一定程度上加重其日常生活负担。第二，通勤高峰期时必然会增加城市交通负荷，造成交通拥挤和堵塞。尤其在周一至周五的上、下班时段，本来通畅的交通路线，因为通勤车辆剧增而产生短暂性拥堵，一方面使得通勤时间延长，另一方面还容易产生交通事故进而加剧交通拥堵，导致居民的时间和经济成本都有所增加，降低日常生活便利度和幸福指数。第三，居住空间和就业空间的距离增加还提高了私家车的使用数量和频率，这会进一步加剧城市环境负担和空气质量恶化。另外，文化教育场所中教育场所便利度较差，直接影响居民孩子的教育，一般幼儿园和小学生还需家长接送，进一步加剧了交通压力和成本。休闲场所便利度不高，则影响了居民生活质量。因此，提升居民日常生活便利度是优化导向之一。

## 二、优化布局居住区等级规模

贫富差距不断扩大、居住分化不断加剧使得社会极化现象日趋严重，进而影响到社会公平和稳定，成为阻碍城市发展的一大瓶颈[149]。在市场经济背景下，居住空间分化不可避免，不同收入水平和不同社会地位的居民之间的差异，可以通过居住区位差异表现出来。距离的远近及经济条件的高低，产生了居住社区的等级划分，例如三甲医院、重点小学或初中周边的居住区房价相对较高。

我国城市住房供给结构的发展变迁是市场因素与政府决策共同驱动的，商品房和社会保障房供给的差异性，使城市社会空间分异愈发明显。第一，随着房地产市场迅速发展，城市内部不同品质商品房层出不穷，居民会根据收入水平和居住偏好选择不同区位和品质的商品房。类似于过滤效果，住房价格使得具有相似社会阶层属性的居民聚居到一起，在空间上形成聚居点，具有共同的自然资源、形成共同的文化特征，构成相对独立和封闭的生活空间，具有特殊的文化生态特征，另外，也加剧了城市社会生活空间的分裂。这种住房形式的人为隔离，使得居民产生差异化的主观感知，一定程度上增加社区内外居民社会交往的心理障碍，形成社会分层。第二，政府在旧城改造、新区开发过程中，将拆迁安置居民、土地被征用农民和低收入群体规划安置在以保障房为主的同一区域，形成新的城市居住空间。这些区域一般离城市中心较远，日常生活活动受距离、收入等因素影响，与城市其他区域居民产生分化和差异，并日趋缺少与其他区域居民开展社会交往与互动的行为，进而逐渐被主流社会排

斥，形成与城市内部相隔离的居住区域，也成为低收入群体新的聚居区。乌鲁木齐中心城区居住空间等级分化明显，居住分异开始显现。居住空间分异整体呈现等级化递减现象：以城市核心区规模等级为最高，大型社区相对集中，同时地价也较高，基本是高收入群体的主要聚居区；而城市边缘区则规模等级较低，地价也较低，居民数量也相应减少。因此，合理规划居住区等级规模，减少居住空间分异是优化导向之一。

## 三、合理规划各类生活空间场所

城市具有各式各样的服务设施和便利设施：公园、学校、饭店、电影院、图书馆、商店、医院、邮局等，它们都是特定地方（或地点）的服务（依赖于特定区位），并且呈现强度随某一固定点的距离增加而减少的特性。每个单独的设施都会产生不同类型的功能，其功能影响的强度会随人们距离设施的最短距离远近和便捷程度高低发生变化。在本章中即体现为居民从居住空间到其他五类生活空间的行为活动。

乌鲁木齐中心城区各类空间分布非均衡性明显，规模等级差异大，场所设施分化和资源配置不均衡较为明显。一方面，市场经济背景下，各类日常生活场所设施优先布局在城市核心区和交通便利区域，城市边缘区则相对少有分布。另一方面，或因为历史遗留或因为政府规划，公共服务场所的空间分布差异较大。大型医院、重点学校、金融科技、商业信息等规模等级高、服务水平优的资源主要集中分布在城市核心区；城市外围区、郊区等其他区域的公共服务设施数量相对较少、质量相对较低。居住空间分化成为不同区位空间居民差异化享受公共服务设施的直接因素，这种差异化在出现居住分离现象时更为明显。居住在核心区的居民可很便利地接受各种城市优质服务资源；城市边缘的郊区，相关场所设施建设较为滞后，数量和服务质量都与城市核心区存在较大差距，其生活便利程度亦较低。同时，不同等级规模的居住空间周边的场所设施数量和规模等级也存在差距，如中高收入群体居住区周边布局大型购物商场、大型超市、高档餐厅、酒吧、咖啡店等。而城市边缘区的低收入群体居住空间中社区周边虽然都有分布其他生活空间场所，例如小商店、社区医院等，但规模等级相较于城市核心区要低许多。通过调查可以看到，居住社区环境的差异较大，服务场所设施也相应产生差异，低收入群体享受服务的水平和能力以及便利程度均较低。就业空间在城市核心区形成第三产业增长极，居民收入也相对较高，但在城市边缘区则以第一产业为主，收入相对较低。其他休闲空间和文化空间的分化更为明显，分布极不均衡，难以满足居民日常休闲娱乐和文化教育活动需求。

### 四、促进社会各阶层交往融合

社会阶层分异通过改变居民日常行为及方式，使不同收入阶层的活动空间产生异化，这种异化在生活空间上有所映射。多民族聚居社区在地域、人口和关系三方面具有一般社区的通性之外，还有各民族风俗习惯差异、日常生活礼仪差异等特性，这些特性一方面通过差异化吸引居民交流，从而成为加强民族交融的有利条件；另一方面也由于陌生性，可能产生一定心理障碍，从而阻碍民族交融。

乌鲁木齐市不同属性居民的居住空间分化，使社会阶层分异并产生对应的邻里关系，从而决定了城市社会空间结构及分异规律。不同社会区，会因其区位效应而造成不同社会阶层之间的竞争。如购物活动空间的差异，低收入阶层的大部分居民主要以就近原则，在小区附近的商店购买生活日用品，但家用电器等大宗商品则会注重商品成本，选择公交出行方式远距离购物；高收入阶层多居住在高端社区，其周边商场等也以高档商场为主，购物行为更注重时间成本，多选择短距离购物。再如休闲活动空间差异，低收入和中低收入阶层的休闲活动花费时间不长，更多地选择在小区内及小区附近的休闲设施；高收入和中高收入阶层则偏向于远距离和高层次休闲活动，例如酒店、酒吧以及高级娱乐场所等；还有社交活动场所的差异，低收入和中低收入阶层的主要场所是家和小区，高收入阶层社交场所主要在酒吧、会议场馆等。这反映了两方面的内容：一方面反映了居民社会活动空间与社会阶层分化的关系。居民的活动空间

类型和范围受经济水平、时间限制、距离可达性和心情等多种因素影响，其中最主要的是经济收入和能力。高收入阶层有更多的选择，其日常活动的空间范围更大，空间距离居住地较远；而低收入阶层的日常活动范围受限、空间距离较近。另一方面反映了居民活动空间亦受到社区资源和服务场所的空间影响，当前市内和中高档商品房社区附近仍然是各类生活空间场所与设施的主要集中区。社会阶层分化的进一步加剧，最终影响社会融合。因此，促进各社会阶层交往融合实属必要。

**五、加强居民社区归属感建设**

随着社会发展日新月异，乌鲁木齐传统的邻里模式基本已经打破，传统邻里模式下居民的归属感及其所孕育的社会凝聚力渐趋弱化。传统的“业缘型”的邻里组织模式，同一单位的职工亦在同一个居住空间生活，邻里之间可在工作单位和居住场所之间频繁地交往交流，使得邻里之间关系密切、组织紧密。在现在的市场经济驱动下居住区分化、服务设施分化特征明显，居住空间的划分基本以经济水平为依据而非以单位和职业为依据，虽然也存在单位“家属院”的居住空间类型，但只存在于个别职业。邻里模式从以单位型转变为资源型，同一社区内的熟人社会被打破，陌生性不断增加。城市居民社会交往的类型也发生了剧烈转变，由传统的以家属院为交往单元的“地缘”型和以亲戚关系为主的“亲缘”型，转变为以行业单位为主的“业缘”型和以兴趣爱好为主的“趣缘”型，扩大了交往的人群基础面，邻里交往反而不再是重点，社区中邻里之间见面不相识的情形越来越多。同时，信息网络通信技术的发展使得个人生活更加便利化，这种便利化削弱了人们对物质空间环境与公共设施服务的要求，人们更多在家中完成购物、休闲和交流等活动，使得社区邻里关系进一步被弱化。居住空间分化导致社区的等级差异，从空间上阻碍了居民交往，而社区内部因为社会阶层分异而导致传统邻里关系消失，均使得居民的社区归属感与社会凝聚力日趋弱化。因此，加强居民社区归属感和凝聚力建设是优化导向之一。

## 第三节 生活空间优化策略

### 一、合理布局生产生活设施，促进空间平衡

目前，乌鲁木齐城市生活空间还存在着居住空间与就业空间相分离的情形，尤以城市核心区和新兴工业园区等地最为明显。究其根源在于教育、就业岗位、商业、医疗等资源与居住的空间分布错位，居住、产业与服务部门布局不合理，要解决这个问题就要促进职住空间平衡。

基于职住分离所带来的负面影响，国内在规划实践中尝试解决一系列问题，但效果差强人意。究其原因主要有：首先，职住分离有利于产业集聚，可带来规模经济效应，对于企业而言可以有效地集中起来，发挥集聚经济优势提高生产效率。分散就业岗位和以牺牲经济效率为代价的职住平衡，违背了企业发展的经济规律。其次，要在现实中要求每个居民都在居住地附近就业、每个雇主都在办公地附近吸纳劳动力是不现实的。再次，各类公共服务设施的便利性成为居民选择居住地时必要因素之一。最后，政府在规划时没有考虑到居住人口与就业岗位的匹配，导致就业人口不得不在其他地方居住下来，这样增大了通勤距离。基于以上原因，职住空间分离就自然出现了。如果任其发展，必然对居民的日常生活和城市交通带来巨大的负面影响。

本章认为可以从以下几方面引导职住平衡：首先，城市政策与规划的制定、实施应当以满足市场个体的基本需求和提供更为多样的选择机会为目标，在合理引导的前提下，由市场主体根据自身的理性选择，形成相应的职住关系。其次，在做规划与管理时注重就业岗位与居住人口的匹配，让用地指标、产业类型与居住社区符合当地居民的真正需求，居民才不会或尽可能少地跨区域通勤。此外，针对区域产业发展现状建设适合本地就业人口的居住社区。最

后，政府应加强位于郊区的居住区周边的就业与公共服务配套，增加社区附近公共服务设施的数量和质量，考虑在其社区周边增加餐饮、服装销售等服务性产业，对于在社区周边开设商铺的社区居民考虑减免其租金等措施降低中低收入群体日常通勤成本，降低职住分离的负面影响，提高社区居民就业率。

## 二、倡导不同社会阶层混居，改变居住模式

经由政策引导，促使不同收入水平和阶层居民居住于同一社区形成邻里关系，从心理层面和文化层面多进行沟通和交流，达到文化认同，缓解因居住分异引发的社会排斥现象，构建不同社会阶层和经济水平居民混合居住的模式。

英国工业革命初期开始提出混合居住这一思想，“二战”后，阻碍西方国家城市发展的主要矛盾变为社会分化和居住隔离，贫困人口不断增多，中低收入家庭的住房困难等现象日趋严重，通过提高混合居住比率等手段可有效地解决这些问题，从而使得混合居住模式得以大规模推广应用[170]。其中，美国实行的混合居住模式更为引人瞩目，主要以两种形式在实践中体现：一是分散法，强调政策引导及政府规划的重要作用，通过将公共住宅单元划分成若干小单元，然后以政府行为强制性分散到中高收入阶层社区中。二是结合法，强调市场对住房供需的自主调节作用，通过将公共与商品住宅结合起来开发，制定公共住宅比例，从而引导不同家庭收入水平的居民购买，实现混合居住的目的。此外，美国政府还为非贫困邻里租房的低收入者提供住房补贴，从而在一定程度上实现混合居住。欧洲则通过降低公共住宅的集中度来实现混合居住，将部分公共住宅改建为私人住房，吸引较高收入群体迁入公房地区，从而改变单一的居住模式，使得公共住宅区的混合居住比例得以提升。

西方国家的理论和实践经验可为我们提供经验和借鉴。第一，混合居住项目运作的主要推手不仅是政府，还有市场。混合居住项目推广对象包括低收入阶层和中高收入阶层，低收入阶层受政府保障一般选择较低价位的保障房，中高收入阶层则在市场中自主购买较高价位的商品房。因此，混合居住项目区位应首选具有市场潜力的区域，吸引中高收入阶层；项目还要考虑人口比例和收

支平衡，必须有足够数量的商业住宅。根据美国国内规定，混住项目中公共住宅的比例不得低于20%，商业住宅的比例最高占80%。依据我国国情和乌鲁木齐市具体情况，公共住宅（保障房）的比例可以提高为30%～40%，商业住宅比例适当降低。

第二，调整混合居住的准入条件，制定居民的收入水平差距范围。如果居民之间收入差距过大，其生活方式也有着较大差异，可通过吸纳不同阶层居民入住，增加中等收入阶层比例等手段来缩小混合邻里之间的差距。有学者研究显示，在混合居住社区中，两种情况会加剧邻里之间的冲突并容易形成不良的紧张关系：一是中等收入阶层的家庭比例低于50%时，二是收入水平差距大于四倍时。

第三，降低混合居住的住房特性差异，适当调节住房政策。混合居住社区的住宅在建筑样式、区位等方面都不应存在明显差异，尤其不应特别突出商品住宅，避免“大混合、小隔离”的局面出现。同时，在乌鲁木齐城镇化快速发展时期，对于住房政策可适当进行合理调节。一方面可通过对低收入阶层增加住房补贴的形式，提升其购买或租住的能力，从而能分散到一些相对价位不高的商品房社区中；另一方面对于保障房社区可适当运用市场机制来调节，不仅限于针对低收入阶层的福利保障，将部分住宅公开发售，以此吸引其他收入阶层进入实现混合居住。

## 三、推进公共服务资源均等化，优化场所设施

均等化，可从空间分布、分析视角和时间发展三个方面进行解读。首先，城市各个社区在空间分布上实现公共服务资源服务能力相对均衡，要求保证所有社区居民获取公共服务水平能够实现不因经济收入、居住环境等条件而低于城市基准水平。其次，均等化分析视角既包括空间均等化，还包括各社会群体均等化，即从可达性角度分析各社会群体获取各类公共服务设施资源的机会是否均等。最后，均等化发展是随着时间的推移而产生变化，与城市社会经济发展水平呈高度正相关，即城市发展水平越高，公共服务资源均等化程度一般也

越高。结合乌鲁木齐城市生活空间结构特征和模式，可从以下几方面优化场所设施布局，以期推进公共服务资源均等化。

一是要结合社区实际统筹布局各类场所设施。我国目前公共服务场所设施的配置，主要以预期居住区人口规模为依据，通过千人指标和服务半径进行估算，一般执行2002年制定的城市居住区规划设计规范。随着城市化进程的加速发展，实际居住人口和居住区规模的匹配度并不一致，对于人口规模的划分实际上已经不再适用于当前形势。可以考虑打破目前规划以居住区规模为主的测算限制，进一步按照实际居住人口细分服务设施等级，按照实际居住人口对公共服务各类场所设施进行配建，从而使得社区各类服务场所设施在空间上实现资源均等化分布。

二是提高低收入群体社区服务设施的质量和等级。在日常生活中，更高等级或服务质量的设施往往吸引更多人前往，在一定程度上阻碍了公共服务设施均等化发展，造成公共服务水平差异，从而引发社会公正等问题。在乌鲁木齐城市生活空间分异中可见，低收入群体的居住空间主要集中在城市边缘区，这些居住社区周边虽有配套相应的消费、公共服务和文化空间场所设施，但质量和等级水平却较低；规模和等级高的消费、公共服务、文化空间等公共服务设施场所还是集中在城市核心区，这些低收入群体想要提高公共服务质量依然需要远距离出行。可以通过合理规划来提高低收入群体社区的服务设施质量和等级，例如，休闲空间场所主要分布在城市边缘区，通过开展农家乐等经营场所，或集中大规模开发等形式：一方面增加就业岗位，提高附近居民收入水平；另一方面可提升休闲空间的服务质量和规模，从而提升休闲及商业服务设施的辐射范围和服务地域。公共服务空间方面，对医院等场所可通过考虑居民交通可达性，实行定点医疗服务单位合理布局；还可通过约请大医院常见病、慢性病知名专家坐诊等形式，提升医疗服务水平。文化空间方面，对于教育条件可根据实际人口规模等适当增加学校硬件设施投入，同时增大对本校教师的培养力度，提升教学水平。

三是加强公共服务资源后续维护力度。均等化的基准水平随着社会经济水平的提高而相应变化，因此后续的监管和维护极为重要，而目前后续管理和保障缺乏的问题较为普遍。本书通过调研也发现部分社区存在类似问题，如公共用地被使用、健身器材年久失修等。因此，社区服务设施进行日常维护以确保能够正常使用，还需依靠地方财政投入，加强公共服务资源后续维护力度，保证各类服务设施的正常运作。

### 四、营造居民交往公共空间，促进社会融合

交往是社区居民日常生活的精神核心，《马丘比丘宪章》中明确指出城市规划与居住区设计必须反映这一现实。公共空间是社区居民交往的重要区域，社区居民一般在公共空间中开展各类活动，例如运动健身、休闲散步等，这些活动都会增加居民之间的交流；另外，社区基层部门通过在公共空间有组织地开展规律性活动，例如知识竞赛、社区公益服务等，通过加强居民合作交流，提升社区归属感，进一步促进社会融合。本章从以下几方面提出如何营造良好的公共空间。

第一，建设居民自发性活动和社会性活动所需要的公共空间，如广场、公园、亭台等的修建可以为居民交往提供必要的场所和空间，若社区规模较小可以建设微型广场，在小区道路两侧可以增设座椅、健身设施等。

第二，想方设法增加在小区内的逗留时间。依托建筑立面和空间边缘建造适宜交往的公共空间，住宅楼两侧增加座椅、挡篷等建设逗留区域；在公园、广场的边缘设置供居民休憩的座椅、长凳，并在边界设计矮墙、灌木等，发挥边界效应，促进居民交往。

第三，打造社区网络社交空间。人们日常交往的网络化趋势越来越明显，比如 QQ 群、朋友圈、微信等，我国的社区建设应抓住这一有利时机，大力发展社区网络、社区平台和空间。据了解，当前很多社区居民已经自发建立了属于本社区居民的 QQ 群、朋友圈等，这些已经成为人们日常交往的主要方式和主要工具。我们应肯定这类网络空间对于人们日常交往的促进作用，但调查中发现很多社区网络平台缺乏监管、维护和引导，导致虚假信息、欺诈行为和不

健康资源等充斥其中。因此，在未来的社区建设中应加强社区网络社交空间的营造、维护与监管，在促进居民交往的同时，正确引导社区精神的形成。

### 五、推动公共场所共享发展，提升开放度

首先，打造各阶层共同活动和交往的包容性公共活动场所。适宜所有阶层日常活动的公共活动场所，对所有阶层日常活动适宜，是一种有利于社会阶层间交往、沟通的包容性平台。如在不同类型社区之间建设公园、广场、球场等，供其他社区、不同收入的居民共同活动。另外，还可以在公共互动场所增加儿童娱乐设施和适宜老年人休憩、活动的休闲设施。其次，保证公共活动场所、公共服务设施更高的开放性。同时，地方政府应严厉制止公共空间被私人侵占的现象，将公共空间归还公众；另外，政府经营的收费场所应适当向低收入群体倾斜，如体育场馆等对低收入群体收取半价或免费开放，保持低收入阶层有同等的进入权利。再次，打造特色鲜明的城市公共活动场所。特色鲜明的城市活动场所和设施，较为容易唤醒人们对于地方的归属感、认同感，从而将不同阶层居民联系起来。最后，以减少贫富分化缩小社会活动空间分化。通过培育城市中产阶层不断扩大中等收入阶层的规模，减轻贫富差距，是解决诸多社会空间问题的根本途径。

# 第八章　结论与展望

## 第一节　主要结论

本书遵循“背景与问题—视角与框架—结构与模式—评价与优化”的逻辑线路，通过探讨乌鲁木齐市生活空间的空间规律，寻求区域可持续发展的优化路径。坚持人本主义、结构主义、实证主义和行为主义分析的有机结合，遵循以乌鲁木齐城市居民生活空间研究为主线，实现表达现状、发现问题和发展优化的研究目标；采用空间和非空间视角相结合，地理空间分析和定量评价相结合，从现状供给和居民需求两方面揭示城市生活空间规律、影响因素、形成机制及存在问题。主要结论如下：

### 一、城市生活空间是环境约束和居民行为选择相互作用形成的复杂组织

居民的日常生活方式是在一定地域环境约束与居民行为选择相互作用的表征，居民生活在既定的地域环境条件和社会关系之中，社会关系决定居民的生活空间需求，地域环境条件决定区域环境的生活空间供给，两者均衡形成生活空间结构。该分析框架的逻辑主线是：城市居民生活以对土地的具体使用为承

载空间，形成居民生活行为的物质空间；以人口属性、社会阶层和社会关系分异为表征，反映人在城市空间中的行为选择，形成社会空间。物质空间是可感知的实体空间，占据一定地域，服务于居民日常生活；社会空间则是居民社会关系的反映。物质空间和社会空间通过人的行为活动在空间上呈现叠加效应，以场所设施和居民行为活动为具体表征，两者作用形成城市生活空间；物质空间、社会空间和生活空间最终构成复杂的城市系统。从社会结构和日常生活视角进行解析，居民日常生活的供给和需求由场所类型及功能来表征。结合前人研究可将城市生活空间分为六种类型，分别为居住空间、就业空间、休闲空间、消费空间、公共服务空间、文化空间，各具内涵。

城市生活空间组织要素可以依据场所的功能属性来识别，从供给视角分析区域环境中各类场所及设施在物质空间中的分布及关联，从需求视角分析居民社会空间属性所做出的日常行为方式选择，两者相互作用形成了城市生活空间组织。城市生活空间在经济发展、政策调控、居民行为选择和社会与个人等层次上形成发展，且生活空间各类型间通过居民行为活动产生复杂、交织的关联，在自然环境、经济、文化历史、政策和居民行为选择五个因素的复合作用下，构成了乌鲁木齐城市生活空间的组织网络。具体表征为物质空间的环境条件是城市生活空间形成的具体承载和约束；经济发展是城市生活空间形成的根本动力；政策调控是城市生活空间形成的直接推手；居民行为选择是城市生活空间形成的实践主体。

## 二、城市生活空间结构及模式是城市功能要素的体现

本书从日常生活空间组织要素视角对乌鲁木齐市生活空间单元进行考量，进一步解析日常生活空间结构，提炼空间模式。城市生活空间与社会空间分异具有对应性，空间场所对居民行为活动具有指向性，城市生活空间是物质空间和社会空间通过居民活动作用而形成的，可以空间场所的功能来具体表征。乌鲁木齐市生活空间呈现点、线、面结合的结构特征，大规模高密度区以条带状及点状结构分布，小规模低密度区以面状结构连片分布。条带状高密度区主要

集聚在新市区、水磨沟区、天山区和沙依巴克区交汇处，以外环路以内为中心，沿河滩快速路呈南北走向在空间上连续分布；点状高密度区主要集聚在以米东区古牧地中路与古河路交叉口，单独成核，尚未与城市中心的条带状高密度区连接。中规模中密度区分布较少，基本包裹在大规模高密度区外围，并呈零星点状呈东西走向连接米东区高密度区和头屯河区。小规模低密度区是乌鲁木齐中心城区生活空间结构的主要组成部分，呈现较密集的连续分布。分类特征则为居住空间多中心特征明显，形成多个主次核心区；就业空间呈“点—线—面”一体化特征，辐射范围较广；休闲空间点状主次核心区分布明显，呈低密度分散分布特征；消费空间呈高值集聚分布，主次核心特征明显；公共服务空间呈高值集聚分布，低值均衡分布特征；文化空间呈现多极低密度分散特征。

乌鲁木齐城市生活空间，整体呈现典型的“圈层 + 扇形 + 极核”空间结构模式。以新市区、水磨沟区、天山区和沙依巴克区四区交汇处为核心区呈现从中心向外规模递减的有序圈层状态；以圈层式东北边缘向米东区扇形扩散，并形成次级核心区；在头屯河区形成单独极核式次级核心区。乌鲁木齐中心城区各类型生活空间结构模式基本与总体表现一致，以“圈层 + 极核”的结构模式为主，但又具有一定独特性。形成多核心并存的居住空间，整体呈向东南方向延伸态势；形成增长极的就业空间，向东部扩展明显；双核心并置的休闲空间，向城市东北部延伸态势；均衡分布的消费空间，在城市南部向东西方向扩展；全面覆盖的公共服务空间，热点区集中在乌鲁木齐市中心区域；高校集聚的文化空间，热点区位于乌鲁木齐市中心，是社会阶层分异中大专及以上学历人口聚集地。

### 三、城市生活空间优化的目标是居民生活质量的提升

居民日常生活追求的最高目标是通过各种途径使生活质量得以提高，生活空间是生活质量的承载者，空间规划是提高生活空间质量的途径。居民生活质量提升是生活空间优化的终极目标。从整体视角通过区域综合实力对生活空间

进行发展基础及背景评价；通过计算日常生活便利度指数对生活空间从结构性视角进行供给水平评价；通过计算日常生活满意度对生活空间从整体性视角对居民日常生活需求进行评价。从分类视角通过分析各类生活空间的服务范围和与居住空间的距离进行比较评价，各类生活空间通过居民的行为活动在场所相遇，从而产生空间关联。

乌鲁木齐城市生活空间发展中存在以下问题：日常生活便利度不高，交通流通性较差；居住空间等级分化明显，存在居住分异现象；各类空间分布非均衡性明显，规模等级差异大；社会阶层分化加剧，社会融合问题依然存在；传统邻里瓦解，居民社区归属感与社会凝聚力弱化。基于问题归纳优化导向：提升居民日常生活便利度，优化布局居住区等级规模，合理规划各类生活空间场所，促进各社会阶层交往融合，加强居民社区归属感建设。根据公平性、发展性原则，提出生活空间优化策略：合理布局生产生活设施，促进职住空间平衡；不同社会阶层混居，改变居住模式；推进公共服务资源均等化，优化配置服务设施；营造居民交往公共空间，促进社会融合；推动公共活动场所共享发展，提升开放度。

## 第二节 可能创新点

### 一、研究内容的创新

现有的国内生活空间研究主要聚焦于内地大城市，对多民族聚居城市的研究较为少见，而且多以要素（类型）空间研究为主体。本书将“生活空间”命题引入多民族聚居城市地理研究，并通过从类型空间到并置空间的系统研究，从空间结构、空间模式总结城市生活空间发展特征；从影响因素、作用路径分析城市生活空间形成机理；从整体和分类两方面对城市生活空间质量进行评价；最终以问题为导向提出优化对策，丰富了当代中国人地关系变化规律的研究。

### 二、研究视角的创新

从功能空间与活动空间两个视角对乌鲁木齐市生活空间进行研究，寻求供给与需求是否匹配。对城市生活空间类型进行了细致全面的划分，并以居民日常生活场所（空间点）数据和活动数据相结合，探讨人类活动的主观因素，以及在制约人类活动的各种客观因素作用下，城市生活空间的分异机制及结构模式。

## 第三节　研究不足及展望

### 一、研究不足

研究对象应该更加广泛：针对不同人群（外来人口、弱势群体和特色人群）的日常生活空间研究，本书没有涉及，但其特殊性和典型性亦是追求社会公平和共同富裕的重要组成部分。这将是下一阶段研究的重点。

研究尺度有待扩展：本书仅限多民族聚居城市——乌鲁木齐市为案例地，具有一定代表性，但也有其独特性，缺乏横向对比和纵向对比、城乡之间对比。对于地理空间的综合性研究仍需进一步思考。

### 二、研究展望

第一，研究深度的延伸：时空演变规律研究。本书仅对空间规律进行解析，城市生活空间随着时间推移、社会发展存在规律性变化，可进一步加入时间变量，与空间分异规律相结合，深入研究城市生活空间的时空演变规律。

第二，研究对象的拓展：不同人群的生活空间研究。不同人群（外来人口、弱势群体和特色人群）的日常生活，具备特殊性，尤其在大城市中外来人口是城市发展的重要生力军，其生活空间特征有待进一步细化研究。

第三，研究区域的扩展：多民族聚居城乡居民生活空间的对比研究。以整个新疆维吾尔自治区为研究区域，开展不同规模城市之间的对比、城乡之间对比研究。将生活空间研究展开横向对比、纵向对比，进一步揭示多民族聚居城市生活空间变化规律、机制及效应，更具有科学性。

# 参考文献


［1］Gouthie H L，Jtaaffe E. The 20th Century“Revolutions”in American Geography［J］. Urban Geography，2000，23（6）：503－527.

［2］Harvey D. The Condition of Postmodernity：An Enquiry into the Origins of Cultural Change［M］. Cambridge，MA：Oxford：Blackwell，1990.

［3］向冰瑶. 陕北地域文化视角下城镇居住空间形态研究：以延安市甘泉县为例［D］. 西安：西安建筑科技大学，2010.

［4］王兴中，秦瑞英，何小东，等. 新社会经济思潮下的旅游规划体系及设计［J］. 人文地理，2004（4）：1－7.

［5］王兴中，等. 中国城市商娱场所微区位原理［M］. 北京：科学出版社，2009.

［6］Tuan Y. Space and Place：The Perspective of Experience［M］. Minneapolis，London：University of Minnesota Press，2001.

［7］王兴中，王非. 国外城市社会居住区域划分模式［J］. 国外城市规划，2001（3）：31－32.

［8］王兴中，刘永刚. 人文地理学研究方法论的进展与“文化转向”以来的流派［J］. 人文地理，2007（3）：1－6.

［9］习近平. 决胜全面建成小康社会 开启全面建设社会主义现代化国家新征程［J］. 新东方，2017（5）：3.

［10］张国玉．新疆城镇化水平“超前”的原因分析［J］．城市问题，2012（7）：54－58.

［11］卢燕．社会安全理论视域下新疆城镇化建设思考［J］．新疆师范大学学报（自然科学版），2014（3）：1－5.

［12］徐黎丽，夏妍．陆疆多民族“和谐社区”的建构与社会安全［J］．兰州大学学报（社会科学版），2011（4）：53－62.

［13］赵楠鸽．乌鲁木齐城市空间结构演变及其驱动机制研究［D］．乌鲁木齐：新疆师范大学，2012.

［14］张艳云．乌鲁木齐市城市交通现状与轨道交通发展探索［J］．交通科技与经济，2015（1）：52－54.

［15］任泽．乌鲁木齐城市轨道交通与城市规划协同发展的研究［D］．兰州：兰州交通大学，2015.

［16］杨小唤，刘业森，江东，等．一种改进人口数据空间化的方法：农村居住地重分类［J］．地理科学进展，2006（3）：62－69.

［17］贾文珏，安琼．基于“分治网格”的空间大数据快速分析方法［J］．计算机工程与设计，2015（8）：2317－2321.

［18］柏中强，王卷乐，杨飞．人口数据空间化研究综述［J］．地理科学进展，2013（11）：1692－1702.

［19］范一大，史培军，辜智慧，等．行政单元数据向网格单元转化的技术方法［J］．地理科学，2004（1）：105－108.

［20］刘云刚，苏海宇．基于社会地图的东莞市社会空间研究［J］．地理学报，2016（8）：1283－1301.

［21］符海月，李满春，赵军，等．人口数据格网化模型研究进展综述［J］．人文地理，2006（3）：115－119.

［22］Lefebvre H. The Production of Space［M］. Oxford：Basil Blackwell，1991.

［23］包亚明．现代性与空间的生产［M］．上海：上海教育出版社，2003.

[24] Gregory D. Geographical Imaginations [M] . Cambridge: Contemporary Sociology, 1994: 401.

[25] Soja E W. Thirdspace: Journeys to Los Angeles and Other Real - and - Imagined Places [M] . Oxford: Blacewell, 1996.

[26] 王志弘．多重的辩证——列斐伏尔空间生产概念三元组演绎与引申 [J] . 地理学报（台湾），2009 (55): 1 - 24.

[27] 金广君，刘堃．“社会—空间”辩证视角下的城市空间再认识 [J] . 规划师，2009 (11): 91 - 95.

[28] Stanek L. Space as Concrete Abstraction: Hegal, Marx, and Modern Urbanism in Henri Lefebvre [M] //Goonewardena K, Kipfer S, Milgrom R, Schmid C. Space, Difference, Everyday Life: Reading Henri Lefebvre. New York: Routledge, 2008.

[29] 王兴中．对城市社会—生活空间的本体解构 [J] . 人文地理，2003 (3): 1 - 7.

[30] 王开泳．城市生活空间研究述评 [J] . 地理科学进展，2011 (6): 691 - 698.

[31] 韩勇，余斌，朱媛媛，等．英美国家关于列斐伏尔空间生产理论的新近研究进展及启示 [J] . 经济地理，2016 (7): 19 - 26.

[32] 柴彦威，龚华．城市社会的时间地理学研究 [J] . 北京大学学报（哲学社会科学版），2001 (5): 17 - 24.

[33] 柴彦威．时间地理学的起源、主要概念及其应用 [J] . 地理科学，1998 (1): 70 - 77.

[34] 柴彦威，龚华．关注人们生活质量的时间地理学 [J] . 中国科学院院刊，2000 (6): 417 - 420.

[35] 柴彦威，等．中国城市的时空间结构 [M] . 北京：北京大学出版社，2002.

[36] 柴彦威，赵莹．时间地理学研究最新进展 [J] . 地理科学，2009

(4): 593 - 600.

[37] 柴彦威，申悦，陈梓烽．基于时空间行为的人本导向的智慧城市规划与管理 [J]．国际城市规划，2014 (6): 31 - 37.

[38] 柴彦威，张雪．北京郊区女性居民一周时空间行为的日间差异研究 [J]．地理科学，2014 (6): 725 - 732.

[39] 季珏，高晓路．基于居民日常出行的生活空间单元的划分 [J]．地理科学进展，2012 (2): 248 - 254.

[40] 刘堃．城市空间的层进阅读方法研究 [D]．哈尔滨：哈尔滨工业大学，2010.

[41] Soja E W. The Socio - Spatial Dialectic [J]. Annals of the Association of American Geographers, 1980, 70 (2): 207 - 225.

[42] 段进．城市空间发展论 [M]．南京：江苏科学技术出版社，2006.

[43] 柴彦威．城市空间 [M]．北京：科学出版社，2000.

[44] 聂承锋．城市空间解构分析 [J]．南方建筑，2004 (5): 10 - 13.

[45] 王开泳，陈田．城市生活空间与大众生活——城市地理学研究领域的新思考 [C]．中国地理学会百年庆典，2009.

[46] 虞蔚．城市社会空间的研究与规划 [J]．城市规划，1986 (6): 25 - 28.

[47] P Jackson. Social Geography: Convergence and Compromise [J]. Progress in Human Geography, 1996, 20 (2): 27 - 34.

[48] 王兴中．中国城市生活空间结构研究 [M]．北京：科学出版社，2004.

[49] 张雪伟．日常生活空间研究 [D]．上海：同济大学，2007.

[50] 朱文一．空间·符号·城市：一种城市设计理论 [M]．北京：中国建筑工业出版社，1993.

[51] 王兴中．中国城市社会空间结构研究 [M]．北京：科学出版社，2000.

［52］柴彦威．以单位为基础的中国城市内部生活空间结构——兰州市的实证研究［J］．地理研究，1996（1）：30－38.

［53］李程骅．商业新业态：城市消费大变革［M］．南京：东南大学出版社，2004.

［54］章光日．信息时代人类生活空间图式研究［J］．城市规划，2005（10）：29－36.

［55］王振清．城市化背景下的郊区生活空间研究［D］．保定：河北大学，2007.

［56］Teaford J C. The 20th－Century American Cities：Problems，Promise and Reality［M］. Baltimore：John Hopkins University Press，1986.

［57］Shevky E，Williams M. The Social Areas of Los Angeles［M］. Berkeley：University of California Press，1949.

［58］张杰，吕杰．从大尺度城市设计到“日常生活空间”［J］．城市规划，2003（9）：40－45.

［59］李丽萍．城市人居环境［M］．北京：中国轻工业出版社，2001.

［60］Greenwood N J，Edwards J M B. Human Environments and Natural Systems［M］. Massachusetts：Duxbury Press，1979.

［61］王凯元．论20世纪六七十年代社会理论的空间转向［J］．重庆科技学院学报（社会科学版），2010（9）：13－14.

［62］Jesse H，Laura J. Relational Rurals：Some Thoughts on Relating Things and Theory in Rural Studies［J］. Journal of Rural Studies，2012，28（3）：208－217.

［63］Riley M，Harvey D. Oral Histories，Farm Practice and Uncovering Meaning in Countryside［J］. Social & Cultural Geography，2007，8（3）：391－415.

［64］Rediscovery，Geography，Committee. Rediscovering Geography：New Relevance for Science and Society［M］. Washington：National Academy

Press, 1997.

[65] Koll – Schretzenmayr M, Ritterhoff F, Siebel W. In Quest of the Good Urban Life: Socio – spatial Dynamics and Residential Building Stock Transformation in Zurich [J] . Urban Studies, 2009, 46 (13): 2731 –2747.

[66] Witten K, Exeter D, Field A. The Quality of Urban Environments: Mapping Variation in Access to Community Resources [J] . Urban Studies, 2003, 40 (1): 161 –174.

[67] Salo E, Ribas M, Lopes P. Living Our Lives on the Edge: Power, Space and Sexual Orientation in Cape Town Townships, South Africa [J] . Sex Research Social Policy, 2010 (7): 298 –309.

[68] Michael P. Urban Environmental Quality and Human Wellbeing: A Social Geographical Perspective [J] . Landscape and Urban Planning, 2003 (65): 19 –29.

[69] Cruz K M. A Living Space: The Relationship between Land and Property in the Community [J] . Political Geography, 2010, 29 (9): 420 –421.

[70] van den Berg M. Femininity As a City Marketing Strategy: Gender Bending Rotterdam [J] . Urban Studies, 2011, 49 (1): 153 –168.

[71] Chan E H W, Tang B, Wong W. Density Control and the Quality of Living Space: A Case Study of Private Housing Development in Hong Kong [J]. Habitat International, 2002, 26 (2): 159 –175.

[72] Merlyna L, Rita P. Power Relations, Identities and the Production of Urban Space in Bandung [J] . Indonesia, 2008, 30 (3): 307 –326.

[73] Terry G, McGee. Interrogating the Production of Urban Space in China and Vietnam under Market Socialism [J] . Asia Pacific Viewpoint, 2009, 50 (2): 228 –246.

[74] Cities Called Key to Growth [N] . 中国日报, 2012 –03 –18.

[75] 潘秋玲，王兴中．城市生活质量空间评价研究——以西安市为例

［J］．人文地理，1997（2）：33－41.

［76］刘晓霞．基于城市社会—生活空间质量观的社区资源配置研究［D］．西安：西北大学，2009.

［77］王立，王兴中．城市社区生活空间结构之解构及其质量重构［J］．地理科学，2011（1）：22－28.

［78］柴彦威，李昌霞．中国城市老年人日常购物行为的空间特征——以北京、深圳和上海为例［J］．地理学报，2005（3）：401－408.

［79］李帅．南宁城市社会空间结构演变及其影响因素研究［D］．南宁：广西师范学院，2014.

［80］刘云刚，谭宇文，周雯婷．广州日本移民的生活活动与生活空间［J］．地理学报，2010（10）：1173－1186.

［81］马学广，王爱民，闫小培．广州市城市居住空间的社会生产研究［J］．中山大学学报（自然科学版），2010（5）：122－126.

［82］邓晓君．基于健康城市理念的老年人生活空间研究［D］．长春：东北师范大学，2010.

［83］孙峰华，王兴中．中国城市生活空间及社区可持续发展研究现状与趋势［J］．地理科学进展，2002（5）：491－499.

［84］杨上广．大城市社会极化的空间响应研究［D］．上海：华东师范大学，2005.

［85］冯健，吴芳芳．质性方法在城市社会空间研究中的应用［J］．地理研究，2011（11）：1956－1969.

［86］张侃侃．城市社区体系空间形成机制下的空间结构可获性研究［D］．西安：西北大学，2012.

［87］许学强，周一星，宁越敏．城市地理学［M］．北京：高等教育出版社，1997.

［88］顾朝林．城市社会学［M］．南京：东南大学出版社，2003.

［89］张利，雷军，张小雷，等．乌鲁木齐城市社会区分析［J］．地理学

报，2012（6）：817－828.

［90］王开泳，肖玲，王淑婧．城市社会空间结构研究的回顾与展望［J］．热带地理，2005（1）：28－32.

［91］周春山，叶昌东．中国城市空间结构研究评述［J］．地理科学进展，2013（7）：1030－1038.

［92］柴彦威，申悦，马修军，等．北京居民活动与出行行为时空数据采集与管理［J］．地理研究，2013（3）：441－451.

［93］冯健，项怡之．开发区社区居民日常活动空间研究——以北京经济技术开发区为例［J］．人文地理，2013（3）：42－50.

［94］李斐然，冯健，刘杰，等．基于活动类型的郊区大型居住区居民生活空间重构——以回龙观为例［J］．2013（3）：27－33.

［95］薛东前，刘溪，周会粉．中国居民时间的利用特征及其影响因素分析［J］．地理研究，2013（9）：1688－1698.

［96］薛东前，黄晶，马蓓蓓，等．西安市文化娱乐业的空间格局及热点区模式研究［J］．地理学报，2014（4）：541－552.

［97］张小虎，张珣，钟耳顺，等．基于建筑物空间特征的北京市城市空间结构及其机制分析［J］．地理研究，2013（11）：2055－2065.

［98］陈锦富，卢有朋，朱小玉．城市街区空间结构低碳化的理论模型［J］．城市问题，2012（7）：13－17.

［99］侯松岩，姜洪涛．基于城市公共交通的长春市医院可达性分析［J］．地理研究，2014（5）：915－925.

［100］谌丽，张文忠，杨翌朝．北京城市居民服务设施可达性偏好与现实错位［J］．地理学报，2013（8）：1071－1081.

［101］谢晓如，封丹，朱竑．对文化微空间的感知与认同研究——以广州太古汇方所文化书店为例［J］．地理学报，2014（2）：184－198.

［102］陶伟，陈慧灵，蔡水清．岭南传统民俗节庆重构对居民地方依恋的影响——以广州珠村乞巧节为例［J］．地理学报，2014（4）：553－565.

[103] 郑衡泌．民间祠神视角下的地方认同形成和结构——以宁波广德湖区为例［J］．地理研究，2012（12）：2209－2219.

[104] 冯健，陈秀欣，兰宗敏．北京市居民购物行为空间结构演变[J]．地理学报，2007（10）：1083－1096.

[105] 韩会然，杨成凤，宋金平．芜湖市居民购物出行空间的等级结构演变特征及驱动机制［J］．地理研究，2014（1）：107－118.

[106] 李敏纳，覃成林．中国社会性公共服务空间分异研究［J］．人文地理，2010（1）：26－30.

[107] 马慧强，韩增林，江海旭．我国基本公共服务空间差异格局与质量特征分析［J］．经济地理，2011（2）：212－217.

[108] 陈映雪，甄峰．基于居民活动数据的城市空间功能组织再探究——以南京市为例［J］．城市规划学刊，2014（5）：72－78.

[109] 余斌，卢燕，曾菊新，等．乡村生活空间研究进展及展望［J］．地理科学，2017（3）：375－385.

[110] 丁莉莉，安瓦尔·买买提明．基于半监督分类乌鲁木齐市城镇用地格局演变分析［J］．新疆师范大学学报（自然科学版），2016（3）：15－21.

[111] 谭永生，沈掌泉，贾春燕，等．中高分辨率遥感影像融合研究［J］．遥感技术与应用，2007（4）：536－542.

[112] 高倩，权晓燕，玉素甫江·如素力，等．乌鲁木齐半城市化地区空间变化研究——以高新区为例［J］．中国农学通报，2016（5）：49－56.

[113] 邬建国．景观生态学——格局、过程、尺度与等级［M］．北京：高等教育出版社，2007.

[114] Silverman B W，Dehnad K. Density Estimation for Statistics and Data Analysis［M］. London：Chapman Hall，1986.

[115] Ord J K，Getis A. Local Spatial Autocorrelation Statistics：Distributional Issues and Application［J］. Geographical Analysis，1995，27（4）：286－306.

[116] Borruso G. Network Density Estimation: A GIS Approach for Analyzing Point Patterns in a Network Space [J]. Transactions in GIS, 2008, 12 (3): 377-402.

[117] 禹文豪，艾廷华，杨敏，等．利用核密度与空间自相关进行城市设施兴趣点分布热点探测［J］．武汉大学学报（信息科学版），2016（2）：221-227.

[118] 吴康敏，张虹鸥，王洋，等．广州市多类型商业中心识别与空间模式［J］．地理科学进展，2016（8）：963-974.

[119] 池娇，焦利民，董婷，等．基于POI数据的城市功能区定量识别及其可视化［J］．测绘地理信息，2016（2）：68-73.

[120] 张玲．POI的分类标准研究［J］．测绘通报，2012（10）：82-84.

[121] 吴静，何必，李海涛．地理信息系统应用教程［M］．北京：清华大学出版社，2011.

[122] 张志斌，杨莹，居翠屏，等．兰州市回族人口空间演化及其社会响应［J］．地理科学，2014（8）：921-929.

[123] 佘冰，朱欣焰，呙维，等．基于空间点模式分析的城市管理事件空间分布及演化——以武汉市江汉区为例［J］．地理科学进展，2013（6）：924-931.

[124] 邵留长，乔家君，乔谷阳．中国专业村镇空间格局及其影响因素［J］．经济地理，2016（3）：131-138.

[125] 赵卫锋，李清泉，李必军．利用城市POI数据提取分层地标［J］．遥感学报，2011（5）：973-988.

[126] Yuan J, Zheng Y, Xie X. Discovering Regions of Different Functions in a City Using Human Mobility and POIs: The 18th ACM SIGKDD International Conference on Knowledge Discovery and Data Mining [C]. New York, 2012.

[127] 孙建伟，田野，崔家兴，等．湖北省旅游空间结构识别与可达性测度［J］．经济地理，2017（4）：208-217.

[128] 吴建楠，曹有挥，程绍铂. 南京市生产性服务业空间格局特征与演变过程研究 [J]. 经济地理，2013 (2)：105 - 110.

[129] 孔雪松，金璐璐，郄昱，等. 基于点轴理论的农村居民点布局优化 [J]. 农业工程学报，2014 (8)：192 - 200.

[130] 朱鹤，刘家明，陶慧，等. 北京城市休闲商务区的时空分布特征与成因 [J]. 地理学报，2015 (8)：1215 - 1228.

[131] 王志章，丛丹丹. 多民族相互嵌入式社区建设理论研究综述[J]. 中国名城，2016 (8)：4 - 12.

[132] 余宝谦. 安徽省旌德县生态安全格局研究 [D]. 西安：西安科技大学，2011.

[133] 车平川. 基于 GIS 的城市公园绿地布局优化研究 [D]. 南京：南京林业大学，2010.

[134] 保罗·诺克斯，史蒂文·平奇. 城市社会地理学导论 [M]. 柴彦威，等译. 北京：商务印书馆，2009.

[135] 刘正江. 新疆城市民族商业社区变迁研究 [D]. 北京：中央民族大学，2009.

[136] 田宝江. 城市空间解析与设计 [D]. 上海：同济大学，1998.

[137] 杨卫丽，王兴中，张杜鹃. 城市生活质量与生活空间质量研究评介与展望 [J]. 人文地理，2010 (3)：20 - 23.

[138] 崔真真，黄晓春，何莲娜，等. 基于 POI 数据的城市生活便利度指数研究 [J]. 地理信息世界，2016 (3)：27 - 33.

[139] 吴良镛. 人居环境科学导论 [M]. 北京：中国建筑工业出版社，2001.

[140] 张文忠. 城市内部居住环境评价的指标体系和方法 [J]. 地理科学，2007 (1)：17 - 23.

[141] 李王敏，等. 城市人居环境评价——以杭州城市为例 [J]. 经济地理，1999，19 (2)：39.

［142］叶萍．乌鲁木齐城市居民生活质量调查研究［J］．新疆大学学报（哲学·人文社会科学版），2015（1）：64－69.

［143］张文忠，尹卫红，等．中国宜居城市研究报告（北京）［M］．北京：社会科学文献出版社，2006.

［144］雷军，王建锋，段祖亮．基于城市地理学视角的社区居民满意度研究——以乌鲁木齐市为例［J］．干旱区地理，2014，37（1）：153－161.

［145］李文娟．宜居北京生活便利性空间分异研究［D］．南昌：江西师范大学，2009.

［146］何浪，刘恬，李渊，等．生活圈理论视角下的贵阳市保障性社区公共服务便利性研究：2015中国城市规划年会［M］．北京：中国建筑工业出版社，2015.

［147］肖作鹏，柴彦威，张艳，等．国内外生活圈规划研究与规划实践进展述评［J］．规划师，2014，30（10）：89－95.

［148］乔纳森·默多克．后结构主义和关联的空间［J］．李祎，译．国际城市规划，2010，25（5）：8－18.

［149］曾文．转型期城市居民生活空间研究［D］．南京：南京师范大学，2015.

［150］周素红，程璐萍，吴志东．广州市保障性住房社区居民的居住—就业选择与空间匹配性［J］．地理研究，2010（10）：1735－1745.

［151］孙斌栋，魏旭红．上海都市区就业—人口空间结构演化特征［J］．地理学报，2014（6）：747－758.

［152］王洋，方创琳，盛长元．扬州市住宅价格的空间分异与模式演变［J］．地理学报，2013（8）：1082－1096.

［153］周江评，陈晓键，黄伟，等．中国中西部大城市的职住平衡与通勤效率——以西安为例［J］．地理学报，2013（10）：1316－1330.

［154］李小广，邱道持，李凤，等．重庆市公共租赁住房社区居民的职住空间匹配［J］．地理研究，2013（8）：1457－1466.

[155] 湛东升，孟斌．基于社会属性的北京市居民居住与就业空间集聚特征［J］．地理学报，2013（12）：1607－1618.

[156] 修春亮，孙平军，王绮．沈阳市居住就业结构的地理空间和流空间分析［J］．地理学报，2013（8）：1110－1118.

[157] 段兆雯，李九全，王兴中．城市增智型游憩场所空间结构研究［J］．人文地理，2010（6）：53－57.

[158] 杨国良．城市居民休闲行为特征研究——以成都市为例［J］．旅游学刊，2002（2）：52－56.

[159] 王伟娅．对于我国休闲产业的分析与思考［J］．江苏商论，2003（5）：3－5.

[160] 焦华富，韩会然．中等城市居民购物行为时空决策过程及影响因素——以安徽省芜湖市为例［J］．地理学报，2013（6）：750－761.

[161] 蔡军，陈飞，李菲．大型超市分布特征及其影响因素［J］．城市规划学刊，2010（6）：87－94.

[162] 嵇昊威，赵媛．南京市城市大型超级市场空间分布研究［J］．经济地理，2010，30（5）：756－760.

[163] 程林，王法辉，修春亮．基于GIS的长春市中心城区大型超市服务区分析［J］．经济地理，2014（4）：54－58.

[164] 张贤明，田玉麒．设施布局均等化：基本公共服务体系建设的空间路径［J］．行政论坛，2016（6）：35－41.

[165] 陈琪．城市化进程下的基本公共服务设施配置均等化研究——以武汉市医疗服务设施为例［J］．中山大学研究生学刊（社会科学版），2015（2）：175－184.

[166] 皮灿，杨青山，明立波，等．马赛克式聚落景观下的广州市基本公共服务均等化研究［J］．经济地理，2014（3）：51－57.

[167] 王开泳．基于生活空间质量的居住区规划与调控研究［J］．科技创新导报，2013（3）：64－66.

[168] 罗蕾. 湖北省仙桃市农村公共医疗服务可达性与均等化研究[D]. 武汉：华中师范大学，2015.

[169] Word Bank. Reshaping Economic Geography [R]. The World Bank, 2009.

[170] 张卓. 城市混合居住模式研究 [D]. 哈尔滨：哈尔滨工业大学，2008.

# 附　录

## 乌鲁木齐市居民日常生活质量调查

您好！感谢您参与本问卷调查！本次调查的目的是了解乌鲁木齐市居民日常生活质量现状。调查所得数据仅做研究之用，且完全采用匿名的方式进行，您的回答将会受到严格的保密。请您根据自己日常生活的实际情况在相应的选项上打“√”。谢谢您的配合！

### 一、基本情况

1. 你目前的居住区域：____________街道，____________小区。

2. 性别：

A. 男　　B. 女

3. 年龄：____________岁

4. 教育程度：

A. 小学及以下　　B. 初中　　C. 高中/中专/职业高中

D. 大专　　E. 本科　　F. 研究生

5. 民族：

A. 汉族　　B. 维吾尔族　　C. 哈萨克族

D. 回族　　E. 其他____________

6. 您的个人平均每月收入：

A. 1500 元及以下　　B. 1500～3000 元　　C. 3000～5000 元

D. 5000～10000 元　　E. 10000 元以上

7. 您的职业：

A. 公务员　　B. 企事业管理人员　　C. 专业/文教技术人员

D. 服务/销售/商贸人员　E. 工人　F. 农民

G. 军人　H. 离退休人员　I. 学生

J. 其他____________

8. 您在乌鲁木齐市的居住年限：

A. 1 年以内　B. 1 ~ 3 年　C. 4 ~ 5 年

D. 6 ~ 10 年　E. 11 ~ 15 年　F. 15 年以上

## 二、居民生活质量调查

1. 您对自己的居住状况感到满意吗？

A. 满意　B. 比较满意　C. 一般

D. 不太满意　E. 不满意

（1）不满意的原因（可多选）：

A. 交通不便利

B. 房子太小

C. 公共服务（医疗、教育、休闲娱乐）不健全

D. 周边环境不好

E. 社区文化活动太少

F. 邻里关系冷漠或不和

G. 周边治安状况不好

（2）是否打算从该小区迁出：

A. 不会　B. 暂时不会　C. 没考虑过

D. 可能会　E. 一定会

2. 您的工作地和居住地之间的距离大约是____________千米。

（1）您去工作时采用的通勤工具是（可多选）：

A. 步行　B. 公交车　C. 单位车

D. 私家车　E. 其他

（2）到工作地需要时间：

A. 不足10分钟　　B. 10~20分钟　　C. 20~30分钟

D. 30-60分钟　　E. 1小时以上

3. 您对在乌鲁木齐市的就业及职业发展感到满意吗?

A. 满意　　B. 比较满意　　C. 一般

D. 不太满意　　E. 不满意

(1) 不满意的方面（可多选）:

A. 就业环境不好　　B. 就业机会较少

C. 个人职业发展空间较小

4. 您对自己的收入水平感到满意吗?

A. 满意　　B. 比较满意　　C. 一般

D. 不太满意　　E. 不满意

(1) 不满意的原因（可多选）:

A. 行业收入差别太大

B. 城区间收入差别大

C. 同单位的等级差别太大

D. 对收入的税收调节不合理

E. 社会上谋取不法收入的漏洞太多

F. 自己增加收入的机会太少

(2) 您觉得自己的收支压力大吗?

A. 很吃力　　B. 有点吃力　　C. 一般

D. 不大　　E. 没有压力

(3) 感觉支出大的原因（可多选）:

A. 物价上涨快　　B. 交通/通勤成本增加

C. 还房贷或车贷压力大　　D. 孩子教育投入多

E. 身体健康投入大　　F. 增加了旅游消费

G. 其他消费____________

5. 您闲暇时经常进行的活动是（可多选）:

A. 种花种草、养小动物 B. 看电视、看书看报
C. 做家务、照看子女和老人 D. 逛街、逛公园
E. 朋友聚会、聊天 F. 兼职
G. 旅游爬山 H. 其他____________

（1）您外出休闲娱乐活动的频率是：
A. 一周多次 B. 一周一次 C. 两周一次
D. 一月一次 E. 其他____________

（2）您外出休闲娱乐活动的距离是：
A. 15 分钟以内车程 B. 15～30 分钟车程 C. 30～60 分钟车程
D. 60 分钟以上车程 E. 其他____________

6. 您对自己的消费质量感到满意吗？
A. 满意 B. 比较满意 C. 一般
D. 不太满意 E. 不满意

（1）不满意的原因（可多选）：
A. 商品和服务质量低劣 B. 售后服务差 C. 消费场所单一
D. 价格欺诈太多 E. 个人消费能力低 F. 其他____________

（2）您购物消费的场所距离是：
A. 15 分钟以内车程 B. 15～30 分钟车程 C. 30～60 分钟车程
D. 60 分钟以上车程 E. 其他

7. 您对自己的社会保障水平感觉到满意吗？
A. 满意 B. 比较满意 C. 一般
D. 不太满意 E. 不满意

（1）不满意的方面（可多选）：
A. 医疗保险方面 B. 住房公积金 C. 养老保险
D. 社会公益救助

8. 生活在乌鲁木齐市，您对城市社会治安感到满意吗？
A. 满意 B. 比较满意 C. 一般

D. 不太满意　　　　　　E. 不满意

（1）您在乌鲁木齐生活，是否遇到以下情形：（可多选）

A. 家庭或社区被盗　　　B. 公共场所失窃　　C. 诈骗

D. 意外伤害事故　　　　E. 火灾等事故　　　F. 其他____________

9. 生活在乌鲁木齐市，您对交通秩序感到满意吗？

A. 满意　　　　　　　　B. 比较满意　　　　C. 一般

D. 不太满意　　　　　　E. 不满意

（1）不满意的方面有哪些？（可多选）

A. 路口交通秩序混乱　　　　　　　　　　　B. 乱穿马路

C. 车道和交通指示信号设置不合理　　　　　D. 违章车辆和人

E. 路口太多，隔离带不足　　　　　　　　　F. 政府规划不合理

10. 生活在乌鲁木齐市，您对就医买药等方面感到满意吗？

A. 满意　　　　　　　　B. 比较满意　　　　C. 一般

D. 不太满意　　　　　　E. 不满意

（1）不满意的方面（可多选）：

A. 周边医疗机构少　　　B. 医疗水平不放心　C. 到大医院不方便

D. 其他____________

（2）您看病选择的医院距离是：

A. 15 分钟以内车程　　B. 15～30 分钟车程　C. 30～60 分钟车程

D. 60 分钟以上车程　　E. 其他

11. 生活在乌鲁木齐市，您对城市公共设施方面感到满意吗？

A. 满意　　　　　　　　B. 比较满意　　　　C. 一般

D. 不太满意　　　　　　E. 不满意

不满意的方面（可多选）：

A. 经常遇到水电供应不正常

B. 遇到问题，不知道该向谁反映情况

C. 公交车太拥挤，线路不方便

D. 城市道路不平整或开挖、损毁，影响行车行走

E. 城市路巷照明不足或灯光设置不合理

F. 道路和建筑物的指示标牌设置有问题，不容易找到目的地

G. 雨季排水不畅造成积水

H. 休闲公园太少

I. 其他____________

12. 您对生活中的教育、文化、体育方面感到满意吗？

A. 满意　　B. 比较满意　　C. 一般

D. 不太满意　　E. 不满意

（1）不满意的方面（可多选）：

A. 学前教育资源紧张

B. 学校教育资源不均衡，校际教育质量差距大

C. 政府公共培训机构少或规模小（如少年宫）

D. 社会公共文体设施太少

E. 日常可参与的文体活动太少

F. 公共图书馆太少

G. 其他____________

（2）子女就读于____________学校，选择该学校的原因是：

A. 重点学校　　B. 离家近　　C. 孩子自己选择

D. 其他____________

13. 您是否去文化场所（艺术区、文化传媒场馆、创意产业园区，文化古迹、清真寺、教堂、寺庙）？

A. 常去　　B. 偶尔去　　C. 不去

（1）去文化场所的频率：

A. 一周一次　　B. 一月一次　　C. 几月一次

D. 其他____________

14. 生活在乌鲁木齐市，您觉得哪些方面比较吃力？（可多选）

A. 房价高

B. 工作压力大或找工作难

C. 人的文明程度低

D. 物价高

E. 社会对个人或人与人之间缺少关怀

F. 社会上的不平等现象太多

G. 表达自己意愿的机会太少

15. 您对目前生活状态总体满意度是：

A. 满意　　B. 比较满意　　C. 一般

D. 不太满意　　E. 不满意

16. 您认为邻里交往是否有意义？

A. 有意义　　B. 一般　　C. 没意义

跟邻居交往仅限于：

A. 见面打招呼　　B. 借用东西　　C. 在住处附近聊天

D. 互相串门　　E. 一起出行（上班、购物等）

17. 您愿意跟小区居民交往吗？

A. 愿意　　B. 看情况　　C. 不愿意

跟小区成员的交往仅限于：

A. 见面打招呼　　B. 借用东西　　C. 在小区内聊天

D. 互相串门　　E. 偶尔聚会

18. 您对小区内人际关系的总体评价是：

A. 彼此不友善　　B. 各管各的、很冷漠

C. 彼此友善　　D. 互相照顾

19. 您愿意在不同收入水平、社会地位混合居住的小区买房吗？

A. 愿意　　B. 可以接受

C. 无所谓　　D. 不愿意

问卷到此结束，感谢您的参与和支持！